LES

CAPRICES DE LA FOUDRE

ŒUVRES DE CAMILLE FLAMMARION

OUVRAGES PHILOSOPHIQUES

La Pluralité des Mondes habités. 1 vol. in-12. 38e édition. . . . . . 3 fr. 50
Les Mondes imaginaires et les Mondes réels. 1 vol. in-12. 23e édition. 3 fr. 50
La Fin du Monde. 1 vol. in-12. 16e mille . . . . 3 fr. 50
Récits de l'Infini. Lumen. 1 vol. in-12. 14e édition. . . . . 3 fr. 50
Lumen Edition de luxe, illustrée par Lucien Rudaux, 1 beau vol. in-8o. 5 fr. »
Lumen. Edition populaire. 1 vol. in-18. 57e mille . . . . 0 fr. 60
Dieu dans la nature. 1 vol. in-12. 28e édition. . . . . 3 fr. 50
Les derniers jours d'un philosophe, de sir H. Davy. 1 vol. in-12. . . 3 fr. 50
Uranie, roman sidéral. 1 vol. in-12 34e mille . . . . 3 fr. 50
Stella, roman sidéral. 1 vol. in-12. 10e mille. . . . . 3 fr. 50
L'Inconnu et les problèmes psychiques. 18e mille. 1 vol. in-12. . . . 3 fr. 50

ASTRONOMIE PRATIQUE

La planète Mars et ses conditions d'habitabilité. Étude synthétique accompagnée de 580 dessins télescopiques et 23 cartes aérographiques. . . . . . 12 fr. »
La planète Vénus. Discussion générale des observations (94 dessins). 1 brochure in-8o. . . . . 1 fr. »
Les Étoiles doubles. Catalogue des étoiles multiples en mouvement, avec les positions et la discussion des orbites. 1 vol. in-8o. . . . . 8 fr. »
Les Eclipses du vingtième siècle visibles à Paris, 33 fig. et cartes. 1 fr. »
Études sur l'Astronomie. Recherches sur diverses questions. 9 vol. 2 fr. 50
Grand Atlas céleste, contenant plus de cent mille étoiles. In-folio . . 45 fr. »
Grande Carte céleste, contenant toutes les étoiles visibles à l'œil nu. . 6 fr. »
Planisphère mobile, donnant la position des étoiles pour chaque jour. 8 fr. »
Carte générale de la Lune . . . . 6 fr. »
Globes de la Lune et de la planète Mars . . . . 6 fr. »

ENSEIGNEMENT DE L'ASTRONOMIE

Astronomie populaire. Exposition des grandes découvertes de l'astronomie. 1 vol. grand in-8o, illustré. 110e mille. . . . . 12 fr. »
Les Étoiles et les Curiosités du Ciel. Supplément de l'*Astronomie populaire.* 1 vol. grand in-8o, illustré. 55e mille. . . . . 12 fr. »
Astronomie des Dames, 1 vol. in-12 illustré de 86 figures . . . . . 3 fr. 50
Les Merveilles célestes. 1 vol. in-8o illustré. 50e mille . . . . 2 fr. 60
Les Terres du Ciel. Description des planètes de notre système. 1 vol. grand in-8o, illustré. 50e mille. . . . . 12 fr. »
Petite Astronomie **descriptive.** 1 vol. in-12, illustré . . . . 1 fr. »
Qu'est-ce que le Ciel? Précis d'astronomie. 1 vol. in-18, illustré. . . 0 fr. 60
Copernic et le Système du monde. 1 vol. in-18. . . . . 0 fr. 60
Petit Atlas astronomique de poche. 1 vol. in-24. . . . . 1 fr. 50
Annuaires astronomiques pour chaque année. . . . . 1 fr. 25

SCIENCES GÉNÉRALES

Le Monde avant la création de l'Homme 1 vol. gr. in-8o, ill. 56e mille. 12 fr. »
L'Atmosphère. Météorologie populaire. 1 vol. grand in-8o, ill. 28e mille. 12 fr. »
Mes Voyages aériens. 1 vol. in-12. . . . . 3 fr. 50
Contemplations scientifiques. 2 vol. in-12 . . . . 3 fr. 50
Les éruptions volcaniques et les Tremblements de terre, in-12 ill. 3 fr. 50
L'Éruption du Krakatoa 1 vol. in-18. . . . . 0 fr. 60
Les Curiosités de la Science 1 vol. in-18 . . . . 0 fr 60

VARIÉTÉS LITTÉRAIRES

Dans le Ciel et sur la Terre Tableaux et Harmonies. 1 vol. in-12. . 3 fr. 50
Rêves étoilés. 1 vol. in-18. 33e mille. . . . . 0 fr. 60
Clairs de Lune. 1 vol. in-18 . . . . 0 fr. 60
Excursions dans le Ciel. 1 vol. in-18. . . . . 0 fr. 60

CAMILLE FLAMMARION

LES CAPRICES DE LA FOUDRE

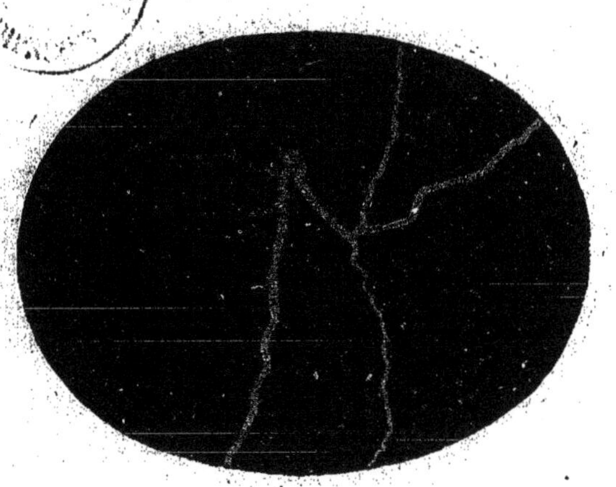

PARIS
ERNEST FLAMMARION, ÉDITEUR
26, RUE RACINE, 26

LES

CAPRICES DE LA FOUDRE

CHAPITRE PREMIER

LES VICTIMES DE LA FOUDRE
TABLEAU GÉNÉRAL

Le feu du ciel a TUÉ *plus de dix mille* personnes, *en France seulement*, pendant le dix-neuvième siècle. C'est cent par an, en moyenne, et c'est souvent davantage. Un tel fait mérite d'attirer notre attention.

La statistique de ces victimes de la foudre est faite chaque année par le ministère de la Justice, qui, depuis 1863, m'en communique régulièrement le relevé officiel. Ce sont les gendarmes qui sont chargés des enquêtes, et ce sont les cours d'appel qui centralisent les résultats. Mes premières cartes sur ce sujet ont été publiées dans l'*Atmosphère* et dans l'*Atlas météorologique* de l'Observatoire de Paris (1872).

Cette statistique remonte à l'année 1835, et la base est satisfaisante pour un résumé général.

Examinons d'abord le tableau d'ensemble de ces victimes, année par année, jusqu'à la fin du siècle.

NOMBRE D'INDIVIDUS TUÉS CHAQUE ANNÉE EN FRANCE PAR LA FOUDRE

1835 . . .	111	1858 . . .	80	1881 . . .	101
1836 . . .	59	1859 . . .	97	1882 . . .	94
1837 . . .	78	1860 . . .	51	1883 . . .	143
1838 . . .	54	1861 . . .	101	1884 . . .	174
1839 . . .	55	1862 . . .	100	1885 . . .	128
1840 . . .	57	1863 . . .	103	1886 . . .	109
1841 . . .	59	1864 . . .	87	1887 . . .	119
1842 . . .	73	1865 . . .	140	1888 . . .	93
1843 . . .	48	1866 . . .	136	1889 . . .	129
1844 . . .	81	1867 . . .	119	1890 . . .	129
1845 . . .	69	1868 . . .	156	1891 . . .	123
1846 . . .	76	1869 . . .	112	1892 . . .	187
1847 . . .	108	1870 . . .	118	1893 . . .	155
1848 . . .	79	1871 . . .	117	1894 . . .	117
1849 . . .	66	1872 . . .	108	1895 . . .	126
1850 . . .	77	1873 . . .	117	1896 . . .	137
1851 . . .	54	1874 . . .	178	1897 . . .	140
1852 . . .	104	1875 . . .	112	1898 . . .	100
1853 . . .	50	1876 . . .	94	1899 . . .	123
1854 . . .	52	1877 . . .	106	1900 . . .	141
1855 . . .	96	1878 . . .	100		
1856 . . .	92	1879 . . .	86	TOTAL. . .	6839
1857 . . .	108	1880 . . .	147		

La surface territoriale de la France a vu ses frontières osciller durant le dix-neuvième siècle. Au commencement du siècle, elle était immense. En 1814, elle a été ramenée à ses anciennes limites. En 1860, les départements de la Savoie, de la Haute-Savoie et des Alpes-Maritimes ont été annexés. En 1871, les départements du Haut-Rhin, du Bas-Rhin et de la Moselle ont été retranchés. Nous ne nous occupons ici que de la surface actuelle des 86 départements. Si nous divisons le nombre des victimes de ces 66 années par le nombre de ces années, nous trouvons 103,62 comme moyenne annuelle. De 1836 à 1860, les chiffres paraissent assez faibles, de sorte que l'on peut se demander si tous les cas ont été exactement relevés. Il est probable qu'il y a eu plus de 10.362 foudroyés de l'année 1801 à l'année 1900.

Il est juste de remarquer que la population de la France s'est progressivement accrue depuis l'origine de cette statistique. Elle était de 33.168.000 en 1835 ; de 34.214.000 en 1841 ; de 37.382.000 en 1861 ; de 37.672.000 en 1881 et de 38.838.000 en 1900. Mais la proportion est tout autre pour les foudroyés.

Ce sont là les individus tués net. Il y a environ cinq fois plus de personnes atteintes ; toutefois le nombre des morts par suite de blessures ou paralysies est relativement restreint. On est généralement tué du coup, et il y a peu de blessés. Lorsqu'on se relève, on est presque toujours indemne.

Les années de maximum ont été : 1892 (187 tués), 1874 (178), 1884 (174), 1868 (156), 1893 (155), 1880 (147). Ce sont des années aux étés orageux, généralement remarquables par l'excellence de leurs vins. Les années de minimum ont été : 1843 (48), 1853 (50), 1860 (51), 1854 (52), 1851 (54), années froides.

Il m'a paru intéressant de traduire les nombres annuels de foudroyés par une courbe (voir plus loin, p. 10). Elle est assez curieuse. Sa gradation de la gauche vers la droite provient de deux causes distinctes : l'accroissement graduel de la population de la France, dont nous venons de donner la marche, et sans doute aussi la méthode de statistique, car il est possible que pendant la première période on n'ait pas inscrit tous les foudroyés et laissé un certain nombre

NOMBRE PROPORTIONNEL DES FOUDROYÉS PAR POPULATION

HABITANTS POUR 1 FOUDROYÉ

Nº d'ordre	Départements	Population	Densité [1]	Foudroyés	Proportion [2]	Nº d'ordre	Départements	Population	Densité [1]	Foudroyés	Proportion [2]
1	Seine	3.340.514	6.967	48	69.594	44	Yonne	332.656	45	67	4.965
2	Manche	500.052	78	19	26.318	45	Gard	416.036	71	84	4.952
3	Seine-et-Oise	669 098	113	42	15.930	46	Hérault	409.684	75	95	4.944
4	Côtes-du-Nord	616.074	85	39	15.796	47	Aube	251.435	42	51	4.930
5	Morbihan	552.028	78	37	14 919	48	Basses-Pyrénées	423.572	55	86	4.925
6	Calvados	417.176	73	28	14.899	49	Isère	568.933	69	124	4.588
7	Ille-et-Vilaine	837 824	89	43	14.466	50	Lot-et-Garonne	286 377	53	63	4.545
8	Finistère	739.648	105	52	14.224	51	Haute-Vienne	375.724	68	84	4.472
9	Orne	339.462	55	25	13 566	52	Cher	347.725	48	80	4.348
10	Maine-et-Loire	514.870	71	40	12.871	53	Indre-et-Loire	337 064	55	78	4 321
11	Seine-Inférieure	837.824	132	67	12.504	54	Loire	625.336	130	159	3.939
12	Nord	1.811.868	314	162	11.184	55	Vosges	421.412	71	107	3.938
13	Loire-Inférieure	646.172	93	61	10.592	56	Nièvre	333 899	48	85	3.928
14	Vendée	441.735	63	45	9 816	57	Var	309.191	51	81	3.817
15	Eure	340.652	56	35	9.732	58	Côte-d'Or	368.168	42	97	3.795
16	Oise	404.511	69	42	9.631	59	Drôme	303.491	46	81	3.746
17	Meuse	318.865	61	34	9.378	60	Haute-Marne	232.057	37	65	3.570
18	Deux-Sèvres	543.279	86	58	9.36[illegible]	61	Savoie	359.790	42	104	3.459

19	Pas-de-Calais. . . .	906.249	134	103	8.797	62	Hautes-Pyrénées. .	218.973	48	64	3.424
20	Gironde	809.902	76	95	8.525	63	Vaucluse	236.313	66	70	3.375
21	Ardennes	318.865	61	38	8.391	64	Pyrénées-Orientales	208.397	50	62	3.361
22	Somme	543 279	86	67	8.108	65	Jura.	266.143	63	80	3.326
23	Mayenne.	321.187	62	40	8.029	66	Gers.	250.472	40	76	3.295
24	Loiret	371.019	54	47	7.894	67	Doubs	302.046	57	93	3 247
25	Marne.	439.577	54	59	7.450	68	Alpes-Maritimes . .	265.155	71	82	3.233
26	Bouches-du-Rhône .	673.820	128	91	7.404	69	Lot	240.403	46	78	3.082
27	Aisne	541.613	73	74	7.319	70	Haute-Saône. . . .	272.891	51	90	3.032
28	Dordogne	464.822	50	64	7.262	71	Ariège	219.641	45	73	3.008
29	Sarthe.	425.077	68	59	7.204	72	Corrèze	322.393	55	111	2.904
30	Aude	310 513	49	44	7.050	73	Haute-Savoie . . .	265.872	58	92	2.889
31	Eure-et-Loir	280 469	47	40	7.011	74	Ain	351.569	50	123	2.858
32	Haute-Garonne. . .	459 377	72	68	6.755	75	Creuse.	279.366	50	100	2.793
33	Landes	292.884	31	45	6.508	76	Aveyron	389.464	44	140	2.781
34	Rhône.	839.329	294	131	6.407	77	Allier	424.378	58	168	2.526
35	Charente-Inférieure	453.455	63	72	6.297	78	Corse	291.168	33	123	2 367
36	Vienne	338.114	48	58	5.829	79	Puy-de-Dôme . . .	555 078	69	246	2.256
37	Tarn-et-Garonne . .	200.390	54	35	5 725	80	Ardèche	363 501	65	163	2.230
38	Meurthe-et-Moselle.	466.417	88	83	5.619	81	Cantal	334.382	41	110	2.130
39	Loir-et-Cher	278.153	43	51	5.453	82	Hautes-Alpes. . . .	113.229	20	70	1.618
40	Charente	356.236	60	66	5.397	83	Saône et-Loire. . .	621.237	72	171	1.595
41	Indre	289.206	42	55	5.258	84	Haute-Loire	316.699	63	226	1.404
42	Tarn	339.827	59	65	5.228	85	Basses-Alpes. . . .	118.142	17	85	1.389
43	Seine-et-Marne . .	359.044	61	69	5.035	86	Lozère.	132.151	26	110	1.201

[1] Nombre d'habitants par kilomètre carré. — [2] Nombre d'habitants pour 1 foudroyé.

de ces cas d'accidents sans mention spéciale ou avec indications différentes. Voici cette courbe :

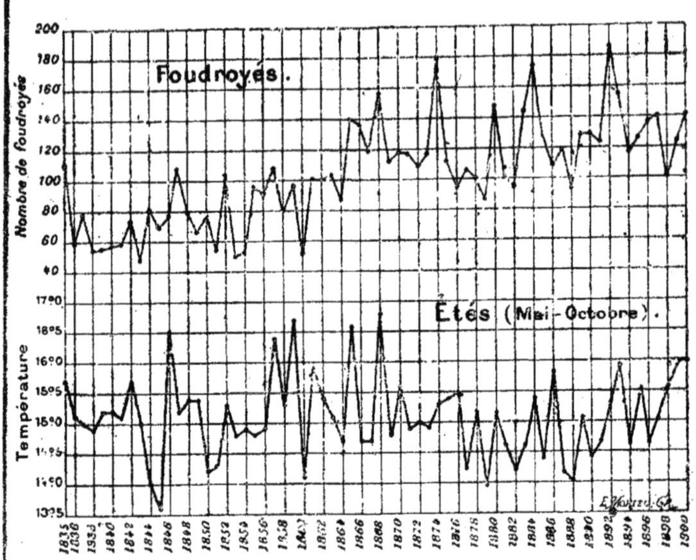

Nombre de foudroyés par années et températures de mai à octobre.

On peut admettre que les étés chauds sont les plus orageux, et que les mois les plus fertiles en orages sont mai, juin, juillet, août, septembre et octobre. J'ai pris les températures de chacun de ces six mois, de 1835 à 1900, en ai fait une moyenne et ai traduit cette moyenne par une courbe tracée au-dessous de la première. De 1835 à 1872, ce sont les températures observées à l'Observatoire de Paris, diminuées de 0°,6 pour être ramenées à celles de la campagne de Paris; de 1873 à 1900, ce sont celles du parc Saint-Maur. On peut remarquer que les oscillations sont plus fortes dans la première moitié que dans la seconde, et que nous n'avons plus eu d'étés chauds comparables à ceux de 1846, 1857, 1859, 1865 et 1868. Conviendrait-il de diminuer un peu plus encore les nombres de l'Observatoire de Paris ? Probablement, car les moyennes des maxima et minima, d'où ils sont conclus, sont supérieures aux moyennes des 24 heures, d'où sont conclus ceux de Saint-Maur. Cette modification ne changerait pas toutefois l'amplitude des oscillations.

Les deux courbes offrent entre elles certains rapports, sans être parallèles. L'année 1868 coïncide pour la chaleur et pour son élévation dans le nombre des foudroyés ; mais l'année 1874, très élevée pour la foudre, ne l'est pas pour la chaleur, ni 1893. 1888 est un minimum pour les deux. Etc.

Il serait également intéressant de construire la courbe des orages eux-mêmes, par départements. Mais, en général, les statistiques sont très insuffisantes.

*
* *

Depuis l'année 1854, on a pris soin, dans la statistique des foudroyés, de distinguer les sexes. Voici les cas de fulguration ainsi séparés :

TUÉS PAR LA FOUDRE

	Hommes	Femmes		Hommes	Femmes		Hommes	Femmes
1854. .	38	14	1861. .	66	35	1868. .	117	39
1855 .	72	24	1862. .	74	26	1869. .	85	27
1856 .	64	28	1863.	80	23	1870. .	89	29
1857. .	84	24	1864. .	61	26	1871. .	79	38
1858. .	58	22	1865. .	81	59	1872. .	74	34
1859. .	65	32	1866. .	99	37	1873 .	73	44
1860. .	36	15	1867. . .	80	39	1874. .	127	51

	Hommes	Femmes		Hommes	Femmes		Hommes	Femmes
1875. .	77	53	1884. .	134	40	1893.	124	31
1876 .	69	25	1885. .	99	29	1894. .	94	23
1877. .	79	27	1886. .	80	29	1895. .	84	42
1878. .	70	30	1887. .	94	25	1896. .	99	38
1879. .	58	28	1888. .	74	19	1897. .	111	29
1880. .	112	35	1889. .	99	30	1898. .	72	28
1881. .	78	23	1890. .	96	33	1899. .	98	25
1882. .	71	23	1891. .	95	28	1900. .	104	37
1883. .	106	37	1892. .	140	47	TOTAL.	3919	1462

On voit que, depuis cette distinction statistique jusqu'à la fin du siècle, il y a eu 3.919 hommes de tués pour 1.462 femmes, soit environ trois fois moins de femmes (un peu plus : 2,68).

Cette galanterie du tonnerre a été attribuée à plusieurs causes : nature de l'être vivant, électricité organique, vêtements, etc. Elle est due, sans doute, tout simplement, à ce qu'il y a moins de femmes que d'hommes exposés dans les travaux des champs, et à ce que la majorité des accidents se produit à la campagne.

*
* *

Quoique la surface de la France soit fort petite sur l'étendue du globe, la distribution des coups de foudre est loin d'être régulière pour l'ensemble de cette surface. On remarque des contrées où il ne tonne presque jamais et où les victimes de la foudre sont extrêmement rares. Il en est d'autres, au contraire, qui payent régulièrement leur tribut chaque année. Les pays de montagnes sont les plus éprouvés.

NOMBRE TOTAL DES FOUDROYÉS PAR DÉPARTEMENT DE 1835 A 1900

N° d'ordre	Département	Foudroyés	N° d'ordre	Département	Foudroyés
1	Puy-de-Dôme	246	44	Hautes-Alpes	70
2	Haute-Loire	226	45	Vaucluse	70
3	Saône-et-Loire	175	46	Seine-et-Marne	69
4	Allier	168	47	Haute-Garonne	68
5	Ardèche	163	48	Seine-Inférieure	67
6	Nord	162	49	Somme	67
7	Loire	159	50	Yonne	67
8	Aveyron	140	51	Charente	66
9	Rhône	130	52	Haute-Marne	65
10	Isère	124	53	Seine-et-Oise	65
11	Ain	123	54	Tarn	65
12	Corse	123	55	Dordogne	64
13	Corrèze	111	56	Hautes-Pyrénées	64
14	Cantal	110	57	Lot-et-Garonne	63
15	Lozère	110	58	Pyrénées-Orient	62
16	Vosges	107	59	Loire-Inférieure	61
17	Savoie	104	60	Marne	59
18	Pas-de-Calais	103	61	Sarthe	59
19	Creuse	100	62	Deux-Sèvres	58
20	Côte-d'Or	97	63	Vienne	58
21	Gironde	95	64	Indre	55
22	Hérault	95	65	Finistère	52
23	Doubs	93	66	Aube	51
24	Haute-Savoie	92	67	Loir-et-Cher	51
25	Bouch.-du-Rhône	91	68	Seine	48
26	Haute-Saône	90	69	Loiret	47
27	Basses-Pyrénées	86	70	Landes	45
28	Basses-Alpes	85	71	Vendée	45
29	Nièvre	85	72	Aude	44
30	Gard	84	73	Ille-et-Vilaine	43
31	Haute-Vienne	84	74	Oise	42
32	Meurthe-et-Mosel.	83	75	Eure-et-Loir	40
33	Alpes-Maritimes	82	76	Maine et-Loire	40
34	Drôme	81	77	Côtes-du-Nord	39
35	Var	81	78	Ardennes	38
36	Cher	80	79	Mayenne	38
37	Jura	80	80	Morbihan	37
38	Indre-et-Loire	78	81	Eure	35
39	Lot	78	82	Tarn-et-Garonne	35
40	Gers	76	83	Meuse	34
41	Aisne	74	84	Calvados	28
42	Ariège	73	85	Orne	25
43	Charente-Infér.	72	86	Manche	19

Il faut y ajouter pourtant le département du Nord, dont la population et la densité sont considérables. On se rendra compte de cette répartition, en examinant le tableau précédent des foudroyés par départements.

On voit que les départements de la Manche, de l'Orne, du Calvados, de la Meuse, du Tarn-et-Garonne, de l'Eure, ne comptent qu'un très petit nombre de foudroyés, tandis que ceux du Puy-de-Dôme, de la Haute-Loire, de Saône-et-Loire, de l'Allier, de l'Ardèche, du Nord, de la Loire, comptent leurs victimes en grand nombre. Plusieurs causes sont en jeu dans cette répartition. D'une part, il se forme plus d'orages dans les pays de montagnes que dans les pays de plaines. D'autre part, les cas de foudroiement sont d'autant plus nombreux qu'il y a plus d'individus exposés à les recevoir. Or, on remarque que ces cas sont extrêmement rares dans les habitations. Le département de la Seine, par exemple, n'est pas à l'abri des orages, quoiqu'il s'en forme moins dans la plaine de l'Ile-de-France que dans les montagnes de l'Auvergne, dans les Alpes ou dans les Pyrénées ; pourtant, les cas de foudroiement sont extrêmement rares dans cette région, malgré l'extrême densité de la population, et on peut dire qu'à Paris, ils sont tout à fait *exceptionnels*.

Quoique plusieurs orages éclatent par an sur Paris, que la foudre frappe presque chaque fois des arbres, des édifices ou des maisons, souvent des casernes, dans le département de la Seine tout entier, il n'y avait eu que 30 personnes tuées par la foudre de 1835 à 1864 ; de 1865 à 1892, il n'y en a eu aucune ; mais l'année 1893 a fait une victime, 1894, cinq ; il y en a eu cinq en 1896, trois en 1897, deux en 1899 et deux en 1900, ce qui a élevé le coefficient de 30 à 48, en huit ans. C'est encore relativement très peu; il y a là toutefois, une augmentation inattendue. Un seul orage suffirait pour faire un grand nombre de victimes et élever notablement le chiffre. Tout auprès et tout autour, les départements de Seine-et-Oise et Seine-et-Marne, beaucoup moins peuplés, ont plus de victimes. On remarque des années fatales pour certaines contrées. Ainsi, en 1870, le département d'Indre-et-Loire n'a pas eu moins de 23 morts à enregistrer, et en 1884, celui du Puy-de-Dôme en a compté 16. En 1883, la Mayenne, la Sarthe et la Haute-Vienne ont vu augmenter de 10 le nombre de leur statistique. Le Puy-de-Dôme et le Rhône n'ont pas encore eu, depuis 1865, une seule année indemne; ceux de la Haute-Loire, de l'Isère, du Pas de-Calais, de l'Ardèche et de Saône-et-Loire n'en ont eu qu'une.

Afin de nous rendre mieux compte de cette distribution géographique, j'ai tracé, à l'aide des chiffres obtenus par le tableau précédent, la carte de France ci-dessous (fig. A, p 16), teintée proportionnellement au *nombre total* des foudroyés par département. Un coup d'œil jeté sur cette carte montre immédiatement cette distribution.

Mais, afin de juger, d'autre part, du *nombre proportionnel* des foudroyés relativement à la densité de la population, j'ai construit un second tableau [1] et une seconde carte (fig B, p. 17). En divisant le nombre des habitants de chaque département par le nombre des foudroyés depuis 1835, on obtient le nombre des habitants pour un foudroyé. Les chiffres de la

[1] Ce second tableau aurait dû être placé apres le premier; pour des raisons typographiques, l'imprimeur a dû l'insérer au milieu du cahier, pages 8 et 9.

population sont ceux du recensement de 1896. Pour les départements dont la population s'accroît rapidement, ces chiffres sont supérieurs à la moyenne de la

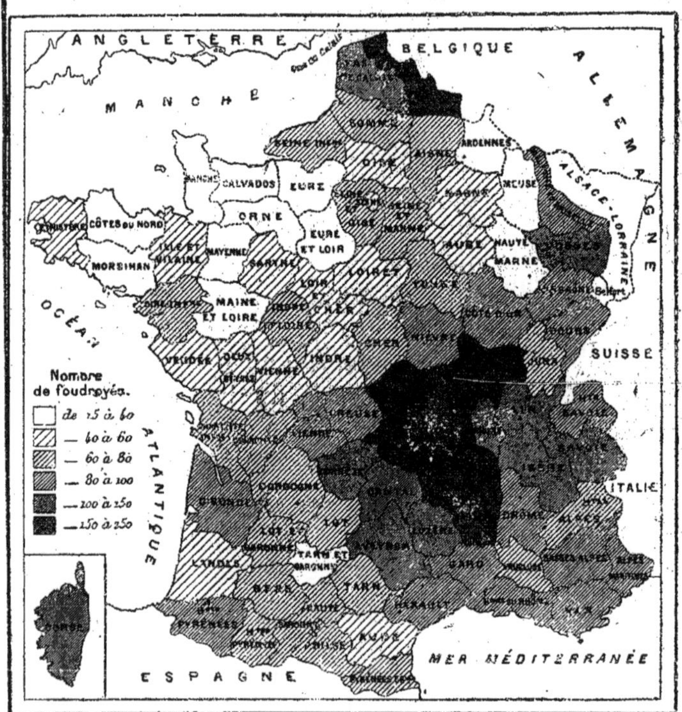

Fig. A. — Distribution des coups de foudre par départements.

période considérée, de sorte que le nombre des habitants par foudroyé est un peu plus grand qu'il ne doit être ; mais la proportion reste sensiblement la même. Les teintes de la carte sont d'autant plus foncées qu'il y a plus de risques, ou qu'il y a moins d'habitants par foudroyé.

On voit combien la proportion diffère suivant les contrées. Tandis que, dans le département de la Seine, il n'y a qu'un foudroyé sur environ 69.000 ha-

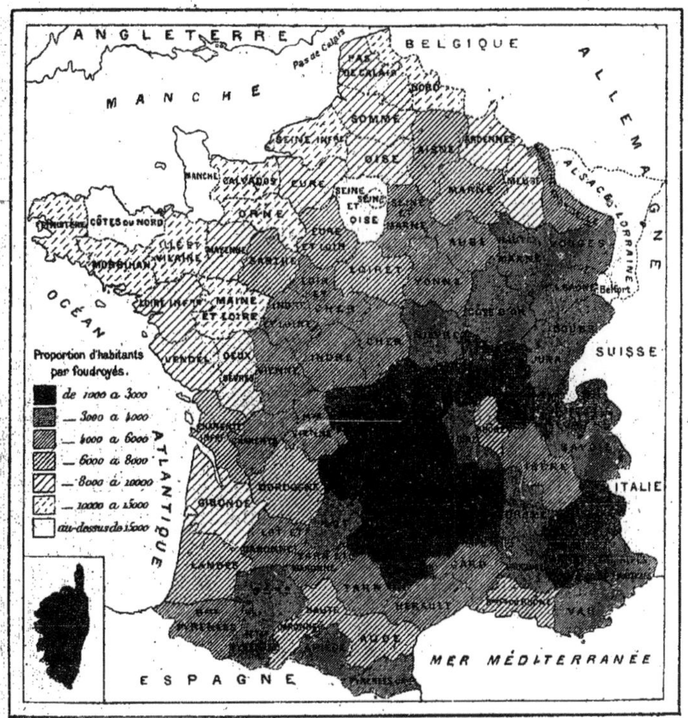

Fig. B. — Nombre proportionnel de foudroyés par population.

bitants; dans la Manche, 1 sur 26.000; dans Seine-et-Oise et les Côtes-du-Nord, 1 sur 16.000; dans le Morbihan et le Calvados, 1 sur 15.000 ; on en compte dans la Lozère 1 sur 1.200; dans les Basses-Alpes et la Haute-Loire 1 sur 1.400; dans Saône-et-Loire et les Hautes-Alpes 1 sur 1.600. Nos deux listes offrent dans leur classement des différences caractéristiques. Ainsi, la Seine, qui a le 68e rang sur notre première liste, a le premier sur la seconde, etc.

Les victimes du tonnerre, tuées ou blessées, se classent dans l'ordre suivant :

1° Sous les arbres.

2° En pleine campagne, surtout si l'on tient des objets en fer : charrue, faux, fourche, etc., ou si l'on tient des animaux à la main.

3° Dans les maisons isolées, fermes, bergeries, etc.

4° Dans les églises, surtout si l'on tient la corde d'un clocher, et presque infailliblement si l'on sonne sous l'orage.

5° Dans les maisons de garde des voies ferrées.

6° Dans les villes.

L'innocuité de Paris vient sans doute de ce que les décharges électriques se répandent et se dispersent par les toits métalliques, les balcons, les paratonnerres, au lieu de se concentrer sur un point. La foudre peut frapper impunément la tour Eiffel, de même que les trains métalliques des chemins de fer.

*
* *

Il ne serait pas sans intérêt de consacrer une étude par an, vers la fin de chaque été, aux faits et gestes de la foudre. Peut-être arriverait-on quelque jour à déterminer la nature encore si mystérieuse de cet insaisissable agent. C'est un travail que, pour ma part, j'ai commencé depuis bien des années. Il est considérable en documents, et je ne puis dans cet ouvrage qu'en offrir un résumé, très varié, du reste. Dans ce premier chapitre, je présenterai à mes lecteurs quelques exemples caractéristiques qui donneront tout de suite une idée de cette immense variété.

Sans remonter bien haut, voici un exemple anodin et plutôt gracieux dont m'a fait part M. Schnaufer, professeur à Marseille.

En octobre 1898, la foudre en boule apparut dans l'appartement, approcha d'une jeune fille qui s'était assise sur une table, les pieds pendant vers la terre sans la toucher. La boule lumineuse roula sur le sol, se dirigea vers la jeune fille, s'éleva près d'elle et autour d'elle en spirale, sauta de là vers le trou d'une cheminée voisine, trou d'un tuyau de poêle fermé par un papier collé, s'éleva par le canon de la cheminée et, une fois à l'air libre, fit à la sortie, sur le toit, un fracas épouvantable qui secoua violemment toute la maison. Cet être bizarre est entré en mouton et sorti en tigre.

On connaissait un fait analogue observé à Paris, le 5 juillet 1852, dans la chambre d'un tailleur d'habits, y compris le détail du trou de la cheminée bouché par une feuille de papier.

Ce jour-là, rue Saint-Jacques, à Paris, dans le voisinage du Val-de-Grâce, le tonnerre en boule sortit de la cheminée d'une chambre habitée par un ouvrier tailleur, en renversant le châssis de papier qui la fermait Cette boule de feu ressemblait à un jeune chat de grosseur moyenne, pelotonné sur lui-même et se mouvant sans être porté sur ses pattes. Elle s'approcha de ses pieds comme pour jouer. L'ouvrier les écarta doucement pour éviter le contact, dont il avait la plus grande frayeur. Après quelques secondes, le globe de feu s'éleva verticalement à la hauteur du visage de l'ouvrier assis qui le regardait, et qui, pour éviter d'être touché au visage, se redressa en se renversant en arrière. Le météore continua de s'élever et se dirigea vers un trou percé dans le haut de la cheminée pour faire passer un tuyau de fourneau en hiver, « mais que le tonnerre ne pouvait voir », dit l'ouvrier, car il était fermé par du papier collé dessus. Le globe décolle le papier sans l'endommager, entre, toujours lentement, dans la cheminée, et après avoir pris le temps de monter jusqu'en haut, produisit une explosion épouvantable qui démolit le faîte, en jeta les débris dans la cour et défonça les toitures de plusieurs constructions.

C'était là un fait unique, devenu classique par les relations de Babinet et d'Arago, et qui a été exactement reproduit ici dans ses circonstances caractéristiques. Il y a eu dans les deux cas attraction du trou pratiqué dans la cheminée et déflagration de la boule fulminante à son arrivée sur le toit. Mais il n'est pas facile de découvrir la loi directrice du phénomène.

On peut lire, dans l'un des derniers volumes de l'Association française, un cas qui s'en rapproche singulièrement :

« Un violent orage, écrit M. Wander, venait de s'abattre sur la commune de Beugnon (Deux-Sèvres). Je me trouvais dans une ferme, en même temps que deux enfants âgés de douze à treize ans. Ces derniers étaient à l'abri de la pluie sous une porte de l'étable contenant vingt-cinq bêtes à cornes. Devant eux une cour en pente s'étendant à une vingtaine de mètres, jusqu'à une grande mare où était un peuplier. Soudain une *boule de feu* de la grosseur d'une pomme apparaît au sommet du peuplier. Nous la voyons descendre de branche en branche et suivre le tronc. Elle roula sur le sol de la cour *très lentement*, semblant chercher son chemin parmi les flaques d'eau ; elle arriva ainsi à la porte sous laquelle se tenaient les enfants. L'un d'eux eut le courage de la toucher avec son pied ; aussitôt une détonation épouvantable ébranle les murs de la ferme, les deux enfants sont jetés à terre, sans aucune blessure, mais onze pièces de bétail sont tuées à l'étable. »

Explique qui pourra ces anomalies. L'enfant qui touche la foudre en est quitte pour la peur, et derrière lui onze animaux sur vingt-cinq sont tués raide !

Pendant l'orage qui a éclaté sur la ville de Gray le 7 juillet 1886, mon ami M. Vannesson, président du Tribunal, a observé une boule de feu, d'un diamètre apparent de 30 à 40 centimètres, qui s'est abattue, en s'épanouissant en grenade, sur l'extrémité de l'arête d'un toit dont elle a haché, comme un paquet d'allumettes (sans toutefois y mettre le feu), l'extrémité de la poutre maîtresse sur une longueur d'environ 0m60, jonchant le grenier d'esquilles menues et faisant s'écrouler les plâtres de l'étage inférieur. De là *elle a rebondi* sur la toiture d'un petit escalier extérieur, y a fait un trou, en a pulvérisé et dispersé les tuiles, s'est abattue sur le chemin, et a disparu un peu plus loin en roulant au milieu de plusieurs personnes, qui en ont été quittes pour la peur.

A propos du curieux phénomène de « la foudre en boule », mon savant collègue de la Société astronomique de France, le Dr Bougon, a relevé un cas des plus mémorables dans un ouvrage de Grégoire de Tours, le 20e évêque de cette ville, sur *La Gloire des Confesseurs :*

Le jour de la dédicace de l'oratoire qu'il avait fait élever dans les dépendances du palais épiscopal, tous les assistants venus en procession, de la cathédrale Saint-Martin à cet oratoire, en portant des reliques au chant des litanies, virent un globe de feu, brillant au point de ne plus pouvoir tenir les yeux ouverts, tant son éclat était resplendissant. Saisis de frayeur, prêtres, diacres, sous-diacres, chantres, enfants de chœur, citoyens les plus élevés de la ville, mayeur et scabini (eschevins) portant les reliques sur leurs épaules, tout le monde se jeta à terre à plat ventre. Alors saint Grégoire se rappelant qu'à la mort de saint Martin, dont quelques os se trouvaient parmi les reliquaires portés à la procession, quelques personnes disaient avoir vu un globe de feu partant de sa tête s'élever jusqu'au ciel, se crut en présence d'un miracle, attestant la présence céleste du saint qui venait prouver par là et sa sainteté et l'authenticité de ses reliques. Ce globe de feu ne fit aucun dégât et ne brûla rien. *Discurrebat autem per totam cellulam,* TANQUAM FULGUR, *globus igneus.*

On peut voir au Musée du Louvre un tableau du peintre Eustache Lesueur, intitulé sur les catalogues : « La Messe de Saint Martin », qui d'abord me paraissait se rapporter au récit de Grégoire de Tours. Mais sur ce tableau, les spectateurs ne se sont pas jetés à terre comme dans le récit précédent et sont plutôt sous l'impression d'un béat étonnement, et, d'autre part, Grégoire de Tours raconte lui-même, dans son livre *La vie de saint Martin,* qu'un jour, pendant le sacrifice de la messe, un globe de feu était apparu au-dessus de la tête de cet évêque, et de là était monté vers le ciel, à la grande édification des fidèles. C'est évidemment ce « miracle » qui est représenté sur le tableau de Lesueur ; mais ce n'est peut-être pas la foudre en boule, comme dans le cas précédent.

*
* *

Voici un cas de foudre en boule souvent cité et remarquablement anodin :

L'abbé Spallanzani raconte que, le 29 août 1791, une jeune paysanne était dans un pré pendant un orage, lorsque tout à coup apparut à ses pieds un globe de feu de la grosseur d'une bille de billard. Glissant sur le sol, ce petit tonnerre en boule arriva sur ses pieds nus, les caressa, s'insinua sous ses vêtements, sortit vers le milieu de son corsage, tout en gardant la forme globulaire, et s'élança dans l'air avec bruit. Au moment où le globe de feu pénétra sous les jupons de la jeune fille, ils s'élargirent comme un parapluie qu'on ouvre. Elle tomba à la renverse. Deux témoins du fait coururent la secourir. La pastourelle n'avait aucun mal ! L'examen médical fit seulement remarquer sur son corps une érosion superficielle, s'étendant du genou droit jusqu'au milieu de la poitrine, entre les seins ; la chemise avait été mise en pièces dans toute la partie correspondante, et l'on remarqua un petit trou qui avait percé son corset de part en part.

On lit dans les Mémoires de Du Bellay la fort curieuse histoire que voici et qui, selon toute probabilité, se rapporte aussi à la foudre en boule.

« Le 3 mars 1557, Diane de France, fille illégitime

de Henri II, alors Dauphin, épousa François de Montmorency. La première nuit de noces, une flamme oscillante entra par la fenêtre, parcourut tous les coins de la chambre, et finalement vint au lit des nouveaux mariés. Là, elle brûla les coiffures et les ajustements de Diane. Les deux époux n'eurent aucun mal ; mais quant à leur effroi, on peut l'imaginer. »

Sans doute convient-il de faire la part à un peu d'exagération dans ce récit sur les ajustements de nuit de la mariée subtilement brûlés par la foudre. Cependant l'histoire du tonnerre nous a conservé plus d'un fait aussi bizarre.

En 1897, à Linguy (Eure-et-Loir), deux époux dormaient profondément quand, soudain, un bruit épouvantable les éveille en sursaut. Ils se croient à leur dernière heure. La cheminée désagrégée, émiettée de la base au sommet, s'est écroulée, remplissant l'appartement de ses débris, le pignon est disloqué, le toit tombe. A l'intérieur, les effets de la foudre ne sont pas moins terrifiants, mais revêtent un caractère de bizarrerie peu ordinaire. Ainsi, presque à la hauteur du plafond, au-dessus d'une herse où sont accrochés divers ustensiles de cuisine, tels que casseroles, entonnoirs, gaufriers, etc , les pierres de la muraille sont lancées horizontalement avec une telle force qu'elles s'incrustent dans le mur opposé.

Pendant que les vitres de l'appartement volent en éclats, une glace est descellée de la muraille et *posée délicatement à terre*, absolument intacte !

Une chaise garnie d'effets d'habillement, placée auprès du lit, est enlevée et transportée à l'entrée de la pièce. Une petite lampe, une boîte d'allumettes, sont retrouvées à terre sans dommage. Un vieux fusil, suspendu à la poutre, est violemment secoué, et sa baguette est enlevée.

La foudre en boule frôle le lit des occupants, plus morts que vifs, mais sans leur faire aucun mal ; passe à quelques centimètres de leur tête et pénètre dans la laiterie contiguë par une légère fissure de la cloison. Alors, elle transporte d'un côté à l'autre, sans les casser, une rangée de pots à lait vides ; découvre une autre rangée de pots pleins de lait sans en renverser aucun, mais casse tous les couvercles. Dans une pile d'assiettes (une douzaine), elle en casse quatre et laisse les autres intactes. A un petit fût de vin elle arrache le robinet et vide le baril.

Enfin, elle s'enfuit par la fenêtre en la brisant, laissant les deux époux sans égratignure, mais stupéfiés.

*
* *

L'une des fantaisies les plus étranges de la foudre est assurément celle de déshabiller ses victimes.

Ne croirait-on pas, parfois, que cet agent s'amuse avec plus d'esprit et d'habileté que certains animaux et même certains hommes ?

L'un des exemples les plus curieux de ce genre est celui-ci, rapporté par Morand :

« Une femme, était déguisée en homme. Arrive un orage. Un coup de foudre la frappe, enlève ses vêtements et ses chaussures, déchire le tout en morceaux qu'elle projette au loin, en sorte que, dans l'état de nudité où la victime est mise, on fut obligé de l'envelopper dans un drap pour l'emporter au village voisin. »

En 1898, à Courcelles-les-Sens, Mlles Philomène Escalbert, âgée de 19 ans, Adèle Delauffre, 22 ans, et Mme Léonie Légère, 44 ans, entouraient une moissonneuse-botteleuse, lorsque la foudre tomba, tuant sur le coup Mme Légère. Quant aux deux jeunes filles, elles se sont trouvées *complètement déshabillées*, et leurs chaussures leur furent arrachées des pieds. Mais elles se relevèrent ensuite saines et sauves... et très étonnées.

Le 1er octobre 1868, sept personnes s'étaient mises à l'abri pendant un orage sous un énorme hêtre, près du village de Bonello, dans la commune de Perret (Côtes-du-Nord), lorsque tout à coup la foudre vint à éclater sur cet arbre et tua l'une d'entre elles. Les six autres personnes ont été terrassées sans être grièvement blessées. Les vêtements de la foudroyée ont été mis en lambeaux très petits ; plusieurs de ceux-ci ont même été retrouvés accrochés aux branches de l'arbre.

Le 11 mai 1869, un cultivateur des Ardillats était à labourer avec ses deux bœufs, à peu de distance de son habitation, vers quatre heures du soir ; le temps était lourd et le ciel couvert de nuages noirs. Tout à coup la foudre gronde et, fendant la nue, vient frapper le laboureur et ses bœufs, qui furent foudroyés. Ce malheureux a été complètement déshabillé par la foudre, et ses sabots furent lancés à 30 mètres de lui.

Au mois de juillet 1896, à Épervans (Saône-et-Loire), un jeune homme nommé Pétiot, qui fauchait dans un pré, a été tué raide au moment où il allumait sa cigarette et mis dans un état de nudité complète.

Le 11 août 1855, un homme fut foudroyé sur un chemin, près de Vallerois (Haute-Saône), et complètement dépouillé de ses vêtements. On n'a même pu retrouver que quelques morceaux de brodequins ferrés, une manche de chemise et des lambeaux de vêtements. Dix minutes après la décharge, il reprit connaissance, ouvrit les yeux, se plaignit du froid et demanda comment il se trouvait là tout nu.

*
* *

Autres bizarreries :

Les objets que l'on porte à la main sont parfois enlevés et lancés au loin.

Un gobelet que tenait un buveur fut enlevé de ses mains et porté dans une cour sans être cassé et sans que le buveur fût blessé. — Un jeune homme de dix-huit ans chantait l'épître ; le missel lui fut arraché des mains et mis en pièces. — Une cravache fut enlevée des mains d'un cavalier et projetée au loin. — Deux dames tricotaient tranquillement : la foudre passe et leur vole subtilement leurs aiguilles. — Elle tombe sur une machine à coudre où travaillait une jeune fille et assied celle-ci sur la machine en lui arrachant de la main une paire de ciseaux. — Un garçon de ferme portait une fourche de fer sur ses épaules : la foudre emporte cette fourche à cinquante mètres en tordant ses deux branches d'acier en tire-bouchons, formant une spirale géométrique. Etc., etc.

Le 22 juillet 1868, à Gien (Nièvre), une femme qui faisait des aspersions d'eau bénite pendant l'orage, vit tout d'un coup sa bouteille cassée entre ses mains par le « feu du ciel », qui démolit en même temps le carrelage de la pièce.

Dans une église pendant les vêpres, à Dancé

(Loire), en juin 1866, une décharge électrique foudroie le curé et les fidèles, renverse l'ostensoir placé sur l'autel, et va cacher irrespectueusement l'hostie sous des gravois.

Le 28 juin 1885, la foudre est tombée sur la coupole de l'Observatoire de Juvisy, qui alors n'était pas munie d'un paratonnerre, a arraché avec une violence inouïe un énorme morceau de chêne d'un angle de construction, l'a réduit en lanières, a lancé le tout au loin et a enfoncé l'un de ces morceaux dans la charnière d'une fenêtre, *en arrière du pivot*, dans un intervalle entre le pivot et la monture, qui ne mesure pas un millimètre ! Le tout sans même fendre la vitre.

En d'autres cas, on voit la foudre fendre un homme en deux, comme d'un grand coup de hache. Ainsi, le 20 janvier 1868, le tonnerre est tombé, à Groix, sur le moulin à vent de Kerlard. Le garçon meunier a été atteint mortellement. Il était des pieds à la tête comme séparé en deux.

Dans le courant de juillet 1844, quatre habitants d'Heiltz-le-Maurupt, près de Vitry-le-François, se réfugièrent, trois d'entre eux sous un peuplier, et le quatrième sous un saule contre lequel, sans doute, il s'appuya. Bientôt après, ce malheureux fut frappé par la foudre ; une flamme claire jaillissait de ses vêtements, et toujours debout sous le saule, il paraissait ne s'apercevoir de rien. « *Tu brûles ! mais tu ne vois donc pas que tu brûles !* » lui criaient ses camarades. N'obtenant pas de réponse, ils s'approchèrent de lui et restèrent muets de terreur en s'apercevant qu'il n'était plus qu'un cadavre.

Le pasteur Butler a été témoin du fait suivant. A Everdon, en Angleterre, dix moissonneurs s'étaient éfugiés sous une haie à l'approche d'un orage. La oudre éclata et tua raide quatre d'entre eux, qui estèrent comme pétrifiés. L'un fut trouvé tenant ncore entre ses doigts une prise de tabac qu'il allait prendre. Un autre avait un petit chien mort sur ses genoux, une main sur la tête de l'animal ; de l'autre main, il tenait un morceau de pain, comme prêt à le ui donner ; un troisième était assis, les yeux ouverts et la tête tournée du côté de l'orage.

A Castellane, au mois d'août 1898, pendant un violent orage, la foudre est tombée sur un troupeau de moutons traversant la montagne de Peyresy ; 74 moutons ont été tués ; le berger a été sauvé. Sans doute, les moutons étaient mouillés par la pluie et serrés les uns contre les autres, ne formant qu'une seule masse. Le même mois, une mare de la ferme de Vauxdîmes (Côte-d'Or), contenant un millier de poissons, a été foudroyée. Tous les poissons furent tués du même coup.

Récemment, pendant un orage, un jeune homme de Franxault (Côte-d'Or), rentrant de travailler aux champs, a été tué par la foudre. Les anneaux de sa chaîne de montre ont été fondus ensemble et comme amalgamés. Tous les clous de ses souliers ont été arrachés. La chaleur de fusion de l'argent est de 954 degrés.

Le 5 juillet 1883, à Buffon (Côte-d'Or), une femme a eu sa *boucle d'oreille fondue;* mais elle n'a pas été tuée!

Le même jour, à Void (Meuse), deux ouvriers abrités sous un saule ont été lancés à 4 mètres sans être tués.

Le 10 août de la même année, à Chanvres (Yonne),

un vigneron a été tué ; mais *son cœur a encore battu pendant 30 heures.*

Le docteur Gaultier de Claubry fut un jour foudroyé sans ressentir d'autre mal que d'avoir la barbe rasée et détruite jusqu'en sa racine, car jamais elle ne repoussa.

A Fresneaux (Oise), une jeune fille de vingt ans, mademoiselle Laure Leloup, voit la foudre tomber près d'elle, et, s'aperçoit qu'elle lui a rasé les cheveux. On constata dans sa chevelure un large sillon tracé par le fluide électrique; les cheveux étaient coupés ras comme avec un rasoir !

Le 4 septembre 1898, la foudre a allumé toutes les lampes électriques de la Préfecture de Lyon.

Quel farfadet ! Quelle bizarrerie !

Ici, la foudre tue. Là, elle passe inoffensive. Plus loin, elle semble absolument s'amuser. J'ai sous les yeux des centaines d'exemples. Impossible de conclure aucune loi.

Elle fait naître parfois dans l'esprit l'hypothèse d'une pensée qui, au lieu d'être attachée à un cerveau, serait attachée à un courant électrique.

Une jeune femme cueillait des cerises sur un arbre assez élevé; un jeune homme était au-dessous d'elle. Un éclair est lancé sur la femme et la renverse morte (juillet 1885).

Au mois de septembre 1898, à Ramaines, près Ramerupt (Aube), un certain M. Finot, aubergiste, était sur le pas de sa porte, regardant l'orage, lorsqu'un éclair suivi aussitôt d'un coup de tonnerre le fit culbuter et l'envoya au fond de la chambre. Il est resté un certain temps sans connaissance et sa vue a été obscurcie pendant dix heures. Ce qu'il y a de singulier, c'est que ce brave homme, atteint de rhumatisme aux jambes, ne pouvait marcher que péniblement avec une canne. Depuis cet accident, il ne se sert plus de bâton et vaque à ses occupations avec facilité. Il ne paraît point fâché de ce qui lui est arrivé et cependant ne désire pas que l'expérience recommence. Ce genre de phénomène électrique pourrait être appelé le cas du *tonnerre médecin.*

Nous avons aussi le *tonnerre justicier :*

Le 20 juillet 1872, un nègre nommé Norris allait être pendu dans l'État de Kentucky (États-Unis) pour avoir assassiné un mulâtre, son compagnon de travail. Au moment où il mettait le pied sur la fatale plate-forme, un éclair jaillit, un épouvantable coup de tonnerre déchire l'atmosphère et le tue net. Le shérif fut tellement saisi qu'il donna sa démission.

Terminons cet exposé par un fait observé il y a quelques années aux Etats-Unis. Une grange immense venait d'être construite par un nommé Abner Millikan, qui, ardent républicain, avait élégamment décoré la façade de sa ferme avec de grandes lithographies représentant les portraits de Mac Kinley et de Hobart. Pendant un violent orage, la foudre frappa à plusieurs reprises le bâtiment qui parut enveloppé d'une large nappe de flammes. Le propriétaire, alarmé, se précipita, et, à son grand étonnement, ne constata aucun dommage. Seulement, il s'aperçut que les portraits de ses candidats avaient disparu et que la foudre les avait retracés sur la muraille.

Voilà assurément bien des caprices. Et nous n'avons rien dit des photographies faites par la foudre!

Caprices pour nous ; mais ils sont plutôt apparents que réels, car ils sont déterminés par des causes... Il en est de même, d'ailleurs, des caprices de la plus jolie femme : sans s'en douter, elle obéit à des causes extérieures ou intérieures, et elle n'est pas aussi capricieuse qu'elle en a l'air.

Ces faits si curieux nous montrent, une fois de plus, que notre connaissance de l'univers est encore bien incomplète, et que son étude est intéressante dans tous ses chapitres.

Nous pouvons être certains, notamment, que l'*électricité* a dans la nature une importance bien plus considérable qu'on ne le pense en général, et qu'elle joue dans la vie humaine un rôle presque perpétuel — et à peu près inconnu. Les êtres sensibles s'en aperçoivent à l'approche des orages. Et quel dégagement quand l'orage est passé ! Il y a là une influence physique suivie d'une influence morale, les deux se touchant de très près, d'ailleurs, chez les indigènes de notre planète.

CHAPITRE II

L'ÉLECTRICITÉ ATMOSPHÉRIQUE ET LES NUAGES ORAGEUX

En présence de faits aussi curieux dont la variété et la bizarrerie déroutent toutes les hypothèses et nous interdisent toute conclusion, nous ne pouvons que multiplier nos observations et accumuler les faits de nature à éclairer le mystère. Les terribles ravages causés chaque année par la foudre nous engagent à rechercher les moyens d'éviter le retour de certaines catastrophes mémorables; c'est dans l'étude même du phénomène, dans l'observation de ses moindres faits et gestes que nous devons guider nos investigations, afin de surprendre cet agent mystérieux dans la perpétration de ses assassinats.

D'ailleurs, le tonnerre a toujours préoccupé les hommes. Si nous jetons un regard rétrospectif sur les siècles évanouis, nous constatons d'abord qu'en tout temps, la foudre a été regardée comme une arme terrible aux mains de la divinité.

Les esprits les plus vastes et les plus subtils de l'antiquité, Anaxagore, Aristote, Sénèque, etc..., n'ont pu, pour la plupart, se former une idée juste des phénomènes si fantastiques produits par la force fulgurante, encore aujourd'hui si mystérieuse pour nous. Ils attribuaient ordinairement la foudre à des émanations terrestres ou à des vapeurs contenues dans l'air.

S'il faut en croire la légende, les Étrusques, dont le peuple, très adonné à l'observation de la nature, florissait quinze cents ans avant Jésus-Christ, les Étrusques, dis-je, paraissent avoir connu l'affinité de la foudre pour les pointes. Mais l'idée qu'ils se formaient du tonnerre était bien imparfaite, et aucune théorie n'a survécu à cette brillante petite république.

L'électricité était pour les anciens un océan d'inconnu, dont ils subissaient sans cesse et inconsciemment les marées et les moindres fluctuations. Vainement ils invoquaient les dieux pour trouver l'explication de l'énigme! L'Olympe restait sourd à leurs prières. Seule résonnait dans les cieux la voix troublante du tonnerre... Leur imagination s'épuisait en recherches sur la nature du succin auquel ils avaient reconnu la propriété singulière d'attirer et de repousser les corps légers. Les poètes l'attribuaient aux larmes des sœurs de Phaéton, se lamentant sur les rêves de l'Éridan. Certains naturalistes le regardaient comme une gomme découlant des arbres à l'époque de la canicule. Mais aucun ne songeait à l'électricité qui enveloppe et pénètre de son fluide subtil la terre, l'homme, les animaux et les choses.

Les superstitions qui se rattachent aux actes de

la foudre fourniraient, à elles seules, la matière d'un volume très curieux d'histoires tragi-comiques.

Chez les Romains, la chute du météore igné faisait toujours naître l'idée d'un présage. Sous le règne de Domitien, le tonnerre se fit entendre si souvent pendant huit mois consécutifs que ce tyran, alarmé par ce bombardement venu du ciel, finit par s'écrier en écoutant avec terreur les grondements du tonnerre : « Eh bien, qu'il frappe où il voudra ! » La foudre tomba sur le Capitole, sur le temple de la famille Flavia ainsi que sur le palais de l'empereur, et jusque dans sa chambre à coucher. L'inscription de la statue triomphale fut même arrachée par la tempête et jetée sur un tombeau voisin.

La foudre annonçait des événements heureux lorsqu'il tonnait à gauche de l'augure, ou si la foudre, après avoir touché terre, retournait vers la région céleste d'où elle était partie, ou bien encore lorsqu'elle se dirigeait de la gauche vers la droite.

Les éclairs illuminant le front d'une armée étaient, aux yeux des Romains, un présage de victoire.

Ces croyances se sont même perpétuées à travers les siècles. Ainsi, Grégoire de Tours raconte que lorsque Clovis faisait la guerre aux Visigoths, le soir, un brillant météore, un phare de feu sembla sortir de la basilique de Saint-Hilaire, l'illustre évêque de Poitiers, et se dirigea dans l'espace vers les pavillons de Chlodowig, sans doute afin qu'aidé par la lumière du bienheureux confesseur, il assaillît plus hardiment les bataillons de ces hérétiques contre lesquels le saint évêque avait souvent combattu en faveur de la foi.

La Bible nous fournit aussi un grand nombre d'exemples de l'intervention du feu divin dans les miracles. Mais les découvertes de la science moderne ont graduellement affaibli les superstitions attachées aux caprices du feu céleste.

C'est sous le règne du Roi-Soleil que des expériences de physique à jamais célèbres ont soulevé un coin du voile mystérieux. Malheureusement, Jupiter tonitruant est le plus astucieux, le plus malin des dieux — nous serions tenté de dire : des démons ! — et s'il nous laisse parfois surprendre quelques-uns de ses secrets diaboliques, son génie destructeur nous semble encore bien déconcertant, et nous ne pouvons formuler aucune loi qu'il n'annihile aussitôt par quelque nouvelle prouesse fantastique.

Otto de Guérike, bourgmestre de Magdebourg et inventeur de la machine pneumatique, fut le premier qui, vers 1650, parvint à produire l'étincelle électrique. Vers la même époque, le docteur Wall, en observant l'électricité dégagée d'un rouleau d'ambre, remarqua une étincelle et un bruit sec, comme un minuscule éclair suivi d'un petit coup de tonnerre. L'analogie était frappante. Cette découverte ouvrit un nouvel horizon aux physiciens, et presque aussitôt l'on associa la faible lumière électrique façonnée par la main de l'homme aux immenses gerbes de feu lancées dans l'espace par une force inconnue.

L'abbé Nollet, considéré en France comme l'oracle de son temps en matière de physique, s'exprimait ainsi à ce sujet : « Si quelqu'un, disait-il, après avoir comparé les phénomènes, entreprenait de prouver que le tonnerre est entre les mains de la nature, ce que l'électricité est entre les nôtres ; que ces merveilles, dont nous disposons maintenant à notre gré, sont de petites imitations de ces grands effets qui nous effraient ; que le tout dépend du même mécanisme ; si l'on faisait voir qu'une nuée préparée par l'action des vents, par la chaleur, par le mélange des exhalaisons, est vis-à-vis d'un objet terrestre ce qu'est le corps électrisé, en présence et à proximité de celui qui ne l'est pas, j'avoue que cette idée, si elle était bien soutenue, me plairait beaucoup ; et pour la soutenir, combien de raisons spécieuses ne se présentent pas à un homme qui est au fait de l'électricité. »

L'invention de la bouteille de Leyde, en 1746, et les brillantes recherches de Franklin rendirent ces conjectures plus vraisemblables. Dès lors, l'étude de l'électricité a pris son essor et est devenue l'une des branches les plus importantes de la physique moderne.

Quand Franklin eut démontré l'électrisation permanente de l'air, même sous un ciel serein, on étudia non plus seulement la foudre, mais encore l'état électrique de l'atmosphère. Et depuis cette époque, les observatoires météorologiques enregistrent chaque jour régulièrement le degré et la nature de l'électricité atmosphérique, à l'aide de fort ingénieux instruments.

Mais les documents obtenus jusqu'à présent nous laissent dans le doute sur bien des points. Le sujet est encore très neuf et fécond en surprises. L'étude de l'électricité est dans son enfance. Déjà, cependant, les annales de la science comptent de nombreuses victoires ; nous sommes justement émerveillés de ses progrès rapides, et c'est avec bonheur que nous entrevoyons dans l'avenir sa triomphante royauté.

Le dix-neuvième siècle, si riche en découvertes admirables, a jeté une lueur de vérité sur le sujet si controversé de la nature du tonnerre, et permis d'établir quelques règles qui sont les fondations de l'édifice de lumière dont le phare éblouissant rayonnera plus tard sur l'humanité et la protégera du plus terrible des météores.

Nous savons aujourd'hui que la foudre est un phénomène électrique, provoqué dans l'atmosphère en certaines circonstances déterminantes.

Mais d'où viennent ces masses d'électricité, qui circulent dans les nuages, et s'en échappent parfois avec fracas pour causer sur la terre les plus affreux ravages ?

L'évaporation des mers en est une des principales causes.

L'atmosphère est constamment imprégnée d'effluves électriques qui, silencieusement, s'écoulent dans le sol, par l'intermédiaire de tous les corps, organisés ou non, attachés à la surface de la terre. Les plantes offrent une route particulièrement agréable au fluide subtil, et les vertes feuilles, agitées au vent, sont souvent traversées par des courants heureusement désarmés, mais de même nature que l'éclair foudroyant. D'autre part, le globe terrestre émet, lui aussi, une certaine quantité d'électricité, et c'est de l'attraction exercée par les deux fluides, l'un sur l'autre, que naît la foudre ; autrement dit, la foudre est une brusque reconstitution d'équilibre entre deux charges différentes.

Des recherches minutieuses ont prouvé que dans l'état normal, le globe terrestre est chargé d'électricité résineuse ou négative, tandis que l'atmosphère tient en suspension de l'électricité vitrée ou positive.

En deux mots, notre planète et la couche aérienne qui l'enveloppe sont deux grands réservoirs d'électricité entre lesquels s'opèrent de perpétuels échanges qui jouent dans la vie des plantes et des animaux un rôle complémentaire à la chaleur et à l'humidité.

Les aurores boréales, qui illuminent parfois d'un éclat féerique les ténèbres de la nuit polaire et les régions septentrionales, trouvent leur explication dans le même phénomène. C'est aussi une reconstitution d'équilibre — silencieuse mais visible — par les deux tensions contraires de l'atmosphère et du sol; aussi, l'apparition des aurores boréales est-elle accompagnée de courants électriques circulant dans le sol à une distance assez grande pour que les mouvements de l'aiguille aimantée indiquent, à l'Observatoire de Paris par exemple, une aurore qui s'allume en Suède ou en Norvège.

En fait, l'électricité qui, silencieusement et invisiblement, baigne le sol de la planète, est identique à celle qui circule dans les hauteurs de l'atmosphère, et qu'elle soit positive ou négative, elle reste, en tout cas, semblable à elle-même, ces qualificatifs ne servant à indiquer qu'un rapport en plus ou en moins entre deux charges différentes. Les hautes régions de l'atmosphère sont plus fortement électrisées que la surface du globe, et l'électricité positive augmente, dans l'air, avec la hauteur.

L'électricité atmosphérique subit, comme la chaleur, comme la pression atmosphérique, une double oscillation annuelle et diurne, et des oscillations accidentelles plus considérables que les régulières. Le maximum arrive de six à sept heures du matin, en été, et de dix heures à midi en hiver; le minimum arrive entre cinq et six heures du soir en été et vers trois heures en hiver. On remarque ensuite un second maximum au coucher du soleil, puis une diminution dans la nuit jusqu'au lever du soleil. Cette oscillation est liée à celle de l'état hygrométrique de l'air. Dans la variation annuelle, le maximum arrive en janvier, et le minimum en juillet ; elle est due à la grande circulation atmosphérique ; l'hiver est l'époque où les courants équatoriaux ont le plus d'activité dans notre hémisphère, alors les aurores boréales sont les plus nombreuses.

D'autre part, l'eau des océans et des fleuves s'évapore continuellement sous l'action de la chaleur solaire, et s'élève dans l'atmosphère où elle demeure à l'état de vapeur gazeuse invisible. Mais bientôt, elle se refroidit, et en se condensant, les molécules gazeuses et transparentes se transforment en fines gouttelettes dont l'ensemble constitue un nuage.

En général, les nuages sont, comme l'atmosphère, chargés d'électricité positive. Cependant, on voit parfois des nuages négatifs. Il n'est pas rare de remarquer au sommet des montagnes des nuages qui y adhèrent comme s'ils y étaient attirés, s'y arrêtent, puis s'en détachent pour suivre le mouvement général des vents. Il arrive souvent que, dans ce cas, les nuages ont perdu leur électricité positive en se mettant en contact avec les montagnes et ont pris en revanche l'électricité négative de celles-ci, qui, loin de continuer à les retenir, a une tendance à les repousser. Une couche de nuages située entre le sol, négatif, et une couche supérieure positive est presque neutre ; son électricité positive s'accumule vers sa surface inférieure, et les premières gouttes de pluie la feront disparaître. Cette couche se comportera dès lors comme la surface du sol, c'est-à-dire qu'elle deviendra négative sous l'influence de la couche supérieure, douée d'une forte tension positive.

Le nuage reste suspendu dans l'espace jusqu'au moment où, sous l'influence du milieu ambiant, il se résout en pluie.

Très nombreuses sont les causes d'instabilité des nuages. Tous mes lecteurs savent que l'atmosphère est constamment agitée par de vastes courants qui circulent de l'équateur aux pôles, et desquels naissent les différents vents.

Les nuages participent à cet immense remous des vagues aériennes. Transportés d'un point à un autre de l'espace, et souvent fort loin de leur lieu d'origine, soumis aux vicissitudes de l'atmosphère, ballottés par des courants opposés, ils suivent les gigantesques mouvements atmosphériques dont les redoutables tourbillons se transforment parfois en cyclones et en tempêtes.

Sous l'influence de la chaleur, et probablement aussi par sa transformation, ces mouvements engendrent des masses considérables d'électricité, et bientôt, lorsque les nuages en sont saturés, l'excès d'électricité se dégage bruyamment, et c'est alors que l'orage éclate. De nombreux éclairs sillonnent les nuées et le tonnerre gronde avec force.

Le fluide électrique s'échappe impétueusement du nuage où il se trouvait emprisonné, en quelque sorte condensé, et va s'unir soit à l'électricité négative amoncelée à la surface du sol, soit à celle des autres nuages voisins. Presque toujours, le nuage déchiré par la décharge électrique se résout en pluie ou en grêle.

Au résumé, un orage est un ensemble de mouvements violents produits par la force de l'électricité lorsque celle-ci atteint son maximum d'intensité. En général, l'orage est annoncé par quelques signes précurseurs et caractéristiques : on remarque une baisse lente et continue du baromètre. L'air, calme et lourd, dégage parfois une odeur âcre et soufrée. La chaleur est étouffante ; un silence anormal règne dans la nature. Cet état particulier influe singulièrement sur certains organismes et produit des malaises nerveux tels que des bourdonnements d'oreilles, une oppression douloureuse, une sorte d'anéantissement dont on se défend vainement.

Dans la majorité des cas, les orages nous arrivent tout formés de l'océan par les courants du sud-ouest ; ils proviennent des cyclones, qui ont pris naissance sous les tropiques, et se présentent sur les lignes de grain, marchant du sud-ouest au nord-est. Ordinairement, ils perdent une partie de leur force en route, et en atteignant nos contrées, ils reçoivent le coup de grâce et se désagrègent rapidement.

Pourtant, certains orages se forment sur place, dans nos régions surtout, pendant les chaudes journées d'été, lorsque le soleil darde ses rayons brûlants sur notre hémisphère et favorise une évaporation très rapide des fleuves et des mers qui baignent les côtes d'Europe.

L'air est chargé d'une brume épaisse qui voile l'horizon ; la baisse du baromètre est accompagnée d'une hausse du thermomètre. Le soleil paraît terne malgré l'absence de nuages. Lorsque le roi du jour approche du méridien et que ses rayons sont le plus ardents, des colonnes de vapeurs s'élèvent vers les hautes régions de l'atmosphère, et se condensent en nuages légers appelés cirri. Au bout de quelques heures, ces nuages s'attirent mutuellement, s'abaissent, se soudent les uns aux autres pour former de gros cumuli dont l'aspect fait penser à d'énormes balles de coton. On peut les comparer aussi à des choux-fleurs. Au bout d'un moment, un petit nuage, gris cendré, vient s'ajouter aux autres ; c'est ordinairement ce nuage d'allure assez inoffensive qui donne le signal du combat entre ciel et terre. Souvent, « quelques décharges sont échangées sans résultat », mais bientôt le bombardement devient général : de longues fusées éblouissantes sillonnent l'espace ; la voûte céleste obscurcie semble s'abaisser et sert d'écran au jet de feu qui s'en échappe. En même temps, la pluie et la grêle cinglent la terre, tandis qu'on est assourdi par les roulements du tonnerre. C'est un désarroi universel, dans le ciel et sur la terre.

Enfin, après un certain temps d'agitation et de guerre entre les éléments déchaînés, la colère de Jupiter s'apaise. Les nuages se séparent et laissent entrevoir un large pan du firmament ensoleillé. Les petits oiseaux, tout transis de peur pendant la tourmente, se remettent à chanter. Les fleurs, le feuillage et la terre rafraîchis exhalent d'exquises senteurs. A l'oppression, à la mélancolie, succède une joie immense. On est si heureux de revoir le bon soleil ! Mais hélas ! il faut souvent revenir à la triste réalité ! La grêle a détruit les récoltes et semé la famine ; la foudre a fauché de jeunes existences et plongé dans le deuil des familles naguère heureuses... Et c'est alors, devant tant de misères, en présence de tant de tristesses que l'on songe surtout à diminuer les terribles effets du tonnerre.

Avant de songer à combattre le cruel météore, il faut l'étudier minutieusement, et commencer par apporter une attention particulière aux moteurs de l'orage, aux nuages menaçants dont les flancs recèlent la matière fulgurante et la grêle dévastatrice, épouvantables engins dont la force aveugle frappe sans merci.

Comment les reconnaît-on ?

En général, les nuages orageux ont des contours très définis, bien tranchés, qui leur donnent un aspect solide.

Leur face inférieure est souvent unie, et offre un plan horizontal duquel s'élèvent de hauts panaches, d'énormes protubérances déchiquetées. Parfois, ils présentent inférieurement de larges saillies, de longues traînées fort peu élevées au-dessus du sol.

Les nuages orageux sont presque toujours nombreux, et forment, ordinairement, deux couches superposées électrisées différemment : le rang inférieur dégage de l'électricité négative, et le rang supérieur, de l'électricité positive. Les décharges fulgurantes ont lieu, le plus souvent, entre ces deux bandes de nuages, et plus rarement entre la couche inférieure et la terre.

Ainsi, l'on peut dire, en principe, que l'orage est le résultat de la rencontre de deux masses de nuages électrisées différemment.

Pendant longtemps, les physiciens refusèrent d'admettre toute autre théorie et particulièrement celle relative à l'explosion de la foudre émanant d'un seul nuage isolé.

Cependant, il est aujourd'hui démontré que le fluide électrique s'échappe parfois d'un nuage isolé, avec production d'éclairs et de tonnerre, et, naturellement, en ce cas, les décharges ont toujours lieu entre la nuée orageuse et la terre.

Ainsi, par un soleil éclatant, le ciel étant absolument serein, ou quelques nuages étant fixés à l'horizon, on voit un nuage de forme arrondie, généralement noir et de petites dimensions, errer lentement dans le bleu céleste. Et cependant, ce nuage, au premier abord si peu redoutable, projette un grand nombre d'éclairs en zigzag accompagnés d'un bruit de mousqueterie, ou lance encore plus souvent la foudre elle-même dont les coups sont ordinairement alors fort désastreux.

Marcorelle, de Toulouse, rapporte que le 12 septembre 1747, le ciel étant serein et parfaitement pur, sauf un petit nuage qui paraissait à la vue exactement rond, le tonnerre tout à coup gronda, éclata, et tua une femme en la brûlant au sein, sans endommager ses vêtements.

Autre observation : Deux bénéficiaires de la cathédrale de Lombey, étant sur l'aire de leur chapitre à faire vanner, virent un petit nuage s'approcher d'eux peu à peu. Lorsqu'il fut à leur zénith, la foudre s'en échappa, et frappa, presque à leur côté, un arbre qu'elle fendit de haut en bas. Or, ils n'entendirent aucun bruit ; le temps était clair, l'air très calme et ce nuage était le seul au ciel.

Le Dr Sestier, dans son intéressant traité de *la Foudre*, rapporte plusieurs exemples de ce genre.

Les jeunes imaginations sont souvent impressionnées par l'aspect vraiment terrible de certains nuages orageux : les uns s'avancent majestueusement comme d'énormes montagnes de neige, d'une blancheur immaculée ; d'autres très sombres obscurcissent le ciel et dissipent la clarté de midi. D'ailleurs, les nuées semblent capricieuses et animées d'un perpétuel besoin de changement ; leur instabilité est très extraordinaire, dans leurs formes comme dans leurs dimensions, dans leur mouvement comme dans leur coloration.

La couleur des nuées n'est pas absolue, mais relative. Leur teinte dépend de leur position relativement à celle du soleil, et aussi à celle de l'observateur. Si nous voyons un nuage à une grande distance de notre lieu d'observation et que nous soyons placés entre lui et le soleil, il nous paraîtra blanc. Si nous l'observons, au contraire, lorsqu'il arrive au-dessus de nos têtes, nous le voyons par sa région inférieure que la région solaire n'atteint pas, et il nous paraîtra noir. Pendant les nuits sans lune, les nuages sont noirs. Dans le jour ils sont tantôt blancs, gris, bleus, indigos, roses, etc., selon leur position dans l'espace.

Cependant, on observe parfois une catégorie de nuages surabondamment électrisés qui semblent phosphorescents et brillent de leur propre lumière dans les nuits les plus sombres. Leur couleur est argentée ou d'un beau rouge foncé. La cause de cet état lumineux s'explique facilement. Ces nuées d'apparence si compacte et si lourde qu'on les croirait solides, sont composées d'une infinité de petits globules d'eau séparés les uns des autres par une mince couche d'air. Ces ballons lilliputiens ne sont pas immobiles : ils voltigent au-dessus de nos têtes, s'élevant, s'abaissant sous la double influence du courant atmosphérique et de l'électricité qui les soutient. Ainsi, ces nuages majestueux, aux contours arrondis et si tranchés, sont en agitation perpétuelle ; leurs molécules vaporeuses se balancent, se séparent, se heurtent de nouveau et ces mouvements intestins donnent naissance à de fugitives étincelles. L'éclat étincelant de certains nuages est donc produit par une série de petites décharges s'effectuant au sein même de la nuée.

Les nuées sont filles de l'espace... Leur vie, éphémère, mais sans cesse renouvelée, se déroule dans les hauteurs de l'atmosphère, sur les flots de l'air qui enveloppe la terre d'un fluide transparent à travers lequel filtrent les rayons de lumière qui nous viennent du soleil et des étoiles.

Dominons la Terre, leur faisait dire le brillant Aristophane dans sa comédie des *Nuées* contre Socrate, montrons pendant quelques minutes aux regards des hommes notre face qui change à chaque instant et qui cependant durera autant que l'éternité. Elançons-nous, frémissantes, du sein de notre père Océan! Gravissons sans perdre haleine le sommet neigeux des montagnes ! Soutenons-nous à ces hauteurs d'où nous ne pouvons plus apercevoir notre image réfléchie sur le miroir azuré des mers! Si nous cessons d'entendre le son grave murmuré par les flots, nous commençons à écouter la sublime harmonie des cieux. Que notre rôle est merveilleux! N'est-ce point nous qui avons reçu de Jupiter la mission de faire briller aux yeux des hommes toutes les richesses du firmament? C'est en même temps de notre sein fécond que tombent les pluies qui mettent en mouvement le cycle de la vie terrestre. Enfin, n'est-ce point nous encore qui protégeons toute la nature vivante contre la plus cruelle des destinées? et n'est-ce point notre enveloppe légère qui sépare le monde vivant du froid impitoyable de la mort éternelle ?

Mais à côté du rôle très utile qu'elles jouent dans la vie de la planète, les nuées sont cependant parfois des ennemies, notamment lorsqu'elles servent de canons aux projectiles de l'électricité.

Le vent est leur époux, et d'un commun accord,

ils répandent tous deux la crainte et l'effroi sur la terre. Mais, tandis que le vent s'avance loyalement, annonçant son passage par un sifflement strident, les nuées, molles et actives, traîtresses et minaudières, glissent doucement et silencieusement, portées sur l'aile de l'électricité. Elles se font admirer par l'élégance de leurs formes, l'éclat de leurs couleurs, et leurs curieuses métamorphoses... Puis, tout à coup, elles lancent leurs imprécations sur le monde : des gerbes enflammées illuminent les cieux, et le tonnerre fait entendre ses roulements sonores.

L'orage offre ses plus beaux effets lorsqu'il semble lutter contre les flots courroucés, ou dans les montagnes, quand la voix de Jupiter résonne dans les profondeurs des sombres défilés et va se répercuter contre les flancs escarpés des géants alpestres.

Au point de vue de leur distribution géographique, les orages semblent avoir certaines préférences. Ainsi, selon Pline, il ne tonne jamais en Egypte, pas plus qu'en Abyssinie, suivant Plutarque. Mais il faut croire que ces pays ont démérité une telle faveur, car il est aujourd'hui parfaitement démontré que le tonnerre s'entend parfois en ces contrées.

Les habitants du Bas-Pérou seraient mieux fondés de proclamer la pureté de leur ciel, car sa limpidité n'est jamais troublée par aucun phénomène orageux. Pour eux, Jupiter tonnant doit être un mythe, puisqu'ils ignorent les éclats de la foudre et la tristesse des jours pluvieux.

Les orages diminuent en nombre vers les hautes latitudes. Cependant, certaines causes locales semblent agir sur l'action électrique des nuages. Ainsi, les orages sont particulièrement fréquents dans les pays très boisés et dans les régions montagneuses.

Arago avait cru pouvoir conclure, d'après un nombre considérable d'observations, qu'en pleine mer ou dans les îles, il ne tonne jamais au delà de 75° de latitude nord. Cette loi n'est pas absolue, mais les orages sont fort rares dans les régions polaires. Ils augmentent des pôles à l'équateur, et sont très nombreux sous les tropiques.

De part et d'autre de l'équateur, les phénomènes orageux se reproduisent avec une régularité remarquable dans la saison humide et au changement des moussons.

A la Guadeloupe et à la Martinique, il ne tonne jamais en décembre, janvier, février et mars.

Dans les climats tempérés, les orages n'ont presque jamais lieu en hiver; ils reviennent avec le printemps et atteignent leur maximum d'intensité pendant les chaudes journées d'été.

En Italie, le tonnerre est un peu l'hôte de toutes les saisons.

En Grèce, il se fait entendre surtout au printemps et à l'automne.

Enfin, à toutes les latitudes, c'est dans l'après-midi que les orages sont le plus nombreux.

CHAPITRE III

ÉCLAIRS ET TONNERRE

Les Romains, attribuant une influence mystérieuse à chaque manifestation électrique, avaient divisé les éclairs en foudres nationales, foudres individuelles, foudres de famille, foudres de conseil, foudres d'autorité, foudres monitoires, postulatoires, confirmatoires, auxiliaires, foudres désagréables, perfides, pestiférées, menaçantes, meurtrières, etc...

Il y en avait pour tous les goûts et pour toutes les circonstances..... La Science moderne est venue mettre un peu d'ordre dans ce Capharnaüm.

Aujourd'hui encore, on établit souvent une confusion dans les manifestations diverses du fluide électrique et l'on désigne indifféremment le fléau sous les noms de tonnerre, d'éclair ou de foudre, quelle que soit d'ailleurs sa qualité.

Ce sont là, toutefois, trois expressions qu'il importe de distinguer.

La *foudre* est la décharge électrique lumineuse qui, pendant l'orage, s'effectue entre deux nuages ou entre un nuage et la terre.

L'*éclair* est le jet étincelant échappé du nuage au moment de la décharge.

Le *tonnerre* est le bruit qui accompagne cette lumière.

Lorsqu'un nuage est surabondamment chargé d'électricité, celle-ci, comprimée dans l'enveloppe nuageuse, cherche à s'évader pour aller s'unir à l'électricité de nom contraire accumulée soit sur un autre nuage, soit sur le sol. Une déflagration électrique se produit, et un long trait enflammé, qui rappelle en grand ce que nos expériences de physique nous montrent en petit dans nos laboratoires, se précipite dans l'espace. Cette traînée lumineuse, souvent éblouissante, constitue l'éclair.

Les éclairs n'ont pas tous la même forme, et, pour les classer plus facilement, on peut les partager en trois groupes : l'éclair diffus, l'éclair linéaire et l'éclair en boule. Ce dernier est de tous le plus étrange ; ses actes très variés et ses facéties demeurent célèbres dans l'histoire de la foudre, aussi croyons-nous devoir consacrer le chapitre suivant à l'observation de ses mœurs fantastiques.

L'éclair diffus est le plus commun de tous. On en compte des centaines dans une nuit d'orage. Parfois même, ils se succèdent avec une telle rapidité que, momentanément, le ciel est entièrement illuminé d'une clarté fantastique. On voit alors de gros nuages sombres surgir des ténèbres de la nuit pour briller subitement d'une lueur éphémère et diffuse, rouge, bleuâtre ou violacée. Leurs contours irréguliers se dessinent, dentelés de lumière, sur le fond opaque de ciel, tandis que gronde sourdement le tonnerre. Soit que l'échange d'électricité se produise sur une vaste étendue entre deux couches de nuages, soit qu'il se manifeste par une étincelle mince et longue, lancée comme une flèche et voilée par le rideau de nuages, on n'observe toujours, en ce cas, qu'une étrange clarté, vague, diaphane, instantanée, qui s'étend quelquefois comme une nappe de feu sur tout l'horizon.

C'est l'éclair diffus qui nous donne les plus beaux effets d'orage, dans les lourdes soirées d'été, lorsque l'air est sans souffle et saturé d'électricité. Soudain, les nuages s'illuminent, nébuleux voiles de lumière sur lesquels se détachent en sombre, fantastique vision fugitive, les arbres, les maisons et toutes les particularités du paysage. Mais aussitôt, le ciel et la terre retombent dans une ombre plus épaisse encore, à cause du contraste.

Plus terrible est l'éclair linéaire, regardé par la plupart des observateurs comme la forme la plus parfaite de la foudre destructive. C'est une forte étincelle, un sillon de lumière, mince, très net et prodigieusement rapide, qui s'élance du nuage électrique sur la terre ou d'un nuage sur un autre.

Tel un serpent de feu se précipitant, souple et onduleux, on le voit se tordre dans l'espace en spirales lumineuses, et dérouler sous le ciel menaçant ses longs anneaux enrubannés de lumière.

Parfois, pressé sans doute d'atteindre sa proie, il effectue son trajet en ligne droite, mais en général, il suit une route sinueuse et se dessine en zigzag à angles obtus. Les différentes formes de l'éclair linéaire sont sans doute attribuables à de nombreuses causes; mais une des principales semble être l'inégale distribution de l'humidité dans l'air qui le rend plus ou moins bon conducteur. En effet, la matière fulminique, fortement attirée vers les régions humides, saute brusquement d'un point à un autre, guidée dans la voie qu'elle préfère par les différences hygrométriques de l'atmosphère, et ce sont ces brusques changements de direction qui déterminent les sinuosités de son cours. En ce cas, l'éclair tracerait ainsi une sorte de graphique de l'état hygrométrique de l'air pour une portion déterminée de l'atmosphère. Le plus court chemin pour lui n'est presque jamais la ligne droite.

D'un autre côté, la variabilité de la surcharge électrique entre certainement en jeu dans la forme de l'éclair.

Parfois, l'éclair se bifurque en deux ou plusieurs branches et forme des éclairs fourchus. Ou bien encore, il se divise en un certain nombre d'aigrettes ramifiées à la branche principale, et desquelles jaillissent un nombre considérable d'étincelles.

Ces gerbes incandescentes se meuvent dans l'espace avec une agilité fantastique. Leur vitesse n'a pu encore être mesurée d'une façon tout à fait précise, mais la rapidité de leur mouvement est si extraordinaire que leur translation paraît instantanée. Les dernières recherches semblent prouver que cette vitesse est supérieure à celle de la lumière — celle-ci étant de 300.000 kilomètres par seconde.

Les éclairs ne sont pas toujours d'une éblouissante blancheur. On en voit de jaunes, rouges, bleutés, violacés ou verdâtres. Leur couleur dépend à la fois de la quantité d'électricité projetée dans l'atmosphère par la décharge, de la densité de l'air au moment du passage de la matière ignée, de son état hygrométrique et des substances qu'il tient en suspension. Ces mêmes causes influent aussi sur la vivacité de l'éclair. On remarque, dans les expériences de physique, que l'étincelle électrique est blanche dans l'air libre, mais qu'elle offre une teinte violacée dans le vide de la machine pneumatique.

Les éclairs violets nous viennent donc des lointaines régions de l'atmosphère ; ils traversent une couche d'air raréfié et annoncent une grande hauteur pour les nuages orageux dont ils émanent.

L'étincelle fulminante est si fugitive qu'on se fait difficilement une idée de sa longueur ; on la mesurerait volontiers au mètre tant nos impressions sont illusoires et trompeuses ; cependant, il faut se rendre à l'évidence : les éclairs couvrent des distances de plusieurs kilomètres.

On a recours à différentes méthodes pour ces recherches scientifiques ; la première, basée sur des comparaisons minutieuses entre la trajectoire décrite par le météore et la distance connue des points terrestres entre lesquels il chemine, donne la longueur des éclairs horizontaux. Lorsqu'il s'agit d'évaluer l'étendue d'un éclair vertical, on estime approximativement la hauteur des nuages d'où il est parti, en se basant sur les accidents de terrain dont la hauteur est déterminée.

Mais il est une méthode plus simple encore et à la portée de tout le monde pour ces mesures approximatives : elle consiste à multiplier 337 (nombre de mètres parcourus par le son dans l'air en une seconde) par le nombre de secondes pendant lequel le tonnerre a tonné.

Toutes ces méthodes donnent des résultats concordants et prouvent que les éclairs ont souvent une longueur de 1, 5, 10 kilomètres La plus considérable connue jusqu'à ce jour est de 18 kilomètres. Si l'on songe à l'instantanéité de ces fugaces apparitions, n'est-on pas justement émerveillé de leur incomparable agilité ? Ne sommes-nous pas confondus d'admiration devant la force magique de cette fronde céleste capable de lancer dans l'espace des fleuves de feu dont le cours sinueux se déroule tout entier sur de grands espaces en un temps presque inappréciable à nos sens ?

Cependant, malgré l'extrême rapidité de l'éclair, on est parvenu à en définir la durée et à constater que certains de ces météores ne durent pas un millième de seconde ! Pour cela, on prend un cercle de carton, partagé du centre à la circonférence en secteurs blancs et noirs. Ce cercle peut tourner comme une roue avec une vitesse aussi grande qu'on le veut. On sait que les impressions lumineuses restent un dixième de seconde sur la rétine ; ainsi, si l'on imite ce jeu d'enfant qui consiste à faire tourner un charbon allumé, si le tour est fait en un dixième de seconde, chaque position successive du charbon restant ce même temps imprimée sur la rétine, on voit un cercle continu. En faisant tourner notre cercle de rais blancs et noirs, nous ne distinguons plus les secteurs, et ne voyons qu'un cercle gris si chaque rayon passe devant notre œil en moins d'un dixième de seconde. Or, on peut imprimer à l'appareil une rotation de cent tours par seconde et davantage. Cela posé, si notre cercle est éclairé d'une façon continue, nous n'en distinguerons pas les lignes, puisqu'elles se succèdent dans notre œil plus vite que l'impression produite par elles. Mais, si le cercle tourne devant nous dans l'obscurité et qu'une lumière instantanée vienne à l'éclairer soudain, puis à disparaître aussi vite, l'impression produite dans notre œil par chacun des secteurs durera moins d'un dixième de seconde, sera presque instantanée, et le cercle nous apparaîtra comme s'il était immobile. En appliquant à l'appareil une rotation calculée, Ch. Wheastone a constaté que certains éclairs ne durent pas un millième de seconde. Cette mesure semble indiquer un minimum, et dans la majorité des cas, la durée des éclairs est supérieure à celle-là.

Souvent, pendant les chaudes et transparentes nuits d'été, on remarque un nombre considérable d'étincelles qui sillonnent le firmament de leur douce clarté bleuâtre. Ces lueurs fugitives rappellent dans le ciel les feux follets qui s'exhalent silencieusement des terrains marécageux. L'atmosphère est pure, on ne voit pas trace d'orage et pourtant le ciel scintille de mille flammes légères ; les étincelles se succèdent presque sans interruption. Ces lueurs électriques ont reçu le nom d'*éclairs de chaleur*, mais cette dénomination est tout à fait inexacte et n'a aucune signification dans le langage de la science moderne.

Dans la plupart des cas, l'observateur attentif pourrait découvrir quelques signes caractéristiques d'un orage lointain éclaté sous l'horizon, à une très grande distance du lieu d'observation. On n'aperçoit alors que le faîte des nuages très bas sur l'horizon, et seulement au moment où ils sont illuminés par l'étincelle. D'autres fois, on ne remarque aucun signe d'orage, même aussi loin que se porte le regard ; l'atmosphère est d'une limpidité parfaite, et pourtant, le ciel est balayé de nombreuses flammes électriques.

Mais on apprend plus tard qu'un violent orage a dévasté la région au-dessus de laquelle les éclairs ont paru et que c'est à lui qu'il faut les attribuer. Ce sont simplement des éclairs réfléchis.

Un navigateur rapporte que, se trouvant en mer, à plus de cent kilomètres de Lima, il vit de nombreux et brillants éclairs sans tonnerre, à l'est et au nord-est de l'horizon. Le temps était splendide et le ciel d'une sérénité absolue. On sait en effet que les orages et les phénomènes électriques qu'ils produisent sont inconnus des côtes du Bas-Pérou, mais cette immunité ne s'étend pas au delà d'une centaine de kilomètres dans l'intérieur de cette contrée, de sorte qu'il faut admettre que les éclairs observés de la mer à plus de cent kilomètres du rivage avaient pris naissance à plus de deux cents kilomètres.

Un de nos correspondants, M. Souleyre, de Constantine, nous a signalé, en 1899, une intéressante observation d'éclairs sans tonnerre. « En août, dit-il, j'en ai observé dans la Haute-Savoie, dans la vallée de l'Arve, au-dessus de Salambes. Rentré en Algérie, j'en ai encore vu le 16 septembre et le 19 octobre.

» Ce n'étaient point des éclairs en nappe, mais des éclairs ordinaires à éclat concentré sur des bandes très minces. Les éclairs étaient longs et se produisaient à très faible distance. Enfin, il n'y avait pas de grêle. En Algérie, ce fait n'est pas très rare. »

Le 1er septembre 1901, vers 6 heures du soir, me trouvant à Genève, par un temps lourd mais très beau, j'ai observé sur l'horizon sud-ouest une quantité considérable d'éclairs qui se succédaient presque sans interruption au-dessus des Alpes savoyardes. Chaque lueur illuminait à la fois la crête des montagnes et le bord frangé des nuages très gros et très sombres couchés fort bas sur l'horizon. Ces éclairs étaient muets, le bruit du tonnerre ne parvenait pas à Genève. Le lendemain, j'appris qu'un orage épouvantable avait dévasté les environs de Chambéry et d'Aix-les-Bains.

D'ailleurs, sans parler des orages, certaines observations justifient cette illumination du ciel à de grandes distances.

Ainsi, en 1803, on avait établi un service de communications lumineuses du mont Brocken au Hartz pour déterminer les différences de longitude. La combustion de 180 à 200 grammes de poudre brûlée à l'air libre pour chacun des signaux produisait une lueur que des observateurs placés sur la montagne de Kenlenberg apercevaient, bien qu'ils fussent éloignés de plus de 240 kilomètres du Brocken et que celui-ci soit lui-même invisible de Kenlenberg.

Certains jours de fête, le 14 juillet par exemple, lorsque les principaux monuments de Paris sont illuminés, et lors même que ces lumières sont invisibles du lieu d'observation, on remarque de fort loin, de 20 et 30 kilomètres, une sorte de vapeur lumineuse qui flotte au-dessus de la ville et réfléchit les feux des boulevards.

Voici un autre exemple que tous les Parisiens pourront vérifier : le ballon captif de l'aérodrome de la Porte-Maillot, qui plane à quelques centaines de mètres au-dessus de Paris, au printemps et en été, apparaît, vu des sombres allées du Bois de Boulogne, comme une sphère magnifique baignée de lumière dans l'azur du ciel. On dirait une énorme lune ! Eh bien, cette douce et pâle clarté n'est que le reflet des lumières de Paris, pourtant invisibles du Bois de

Boulogne. La Terre et toutes les planètes, obscures en elles-mêmes, brillent dans l'espace, éclairées par le Soleil.

Les éclairs silencieux qui sillonnent le ciel de leur clarté phosphorescente ne sont que les reflets d'un lointain orage. Soit à cause de la sphéricité de la Terre, soit à cause des accidents du terrain, les nuages sont invisibles, mais les effluves qui s'en échappent peuvent être observées de fort loin.

Ces flammes poétiques et éphémères qui glissent délicatement dans le ciel sont bien faites pour exciter l'imagination rêveuse, et pourtant, elles sont tout aussi terribles que les gerbes incandescentes accompagnées de tonnerre. Si le bruit qui les accompagne ne nous est pas perceptible, c'est parce que la voix du tonnerre ne porte pas très loin, et qu'à partir d'une certaine distance, elle se perd dans l'espace avant de nous arriver.

Il en est de même des éclairs silencieux qui brillent dans un ciel nuageux. Ce phénomène est particulièrement fréquent aux Antilles. Soit que l'orage éclate trop loin de l'observateur, soit que la décharge ait lieu entre deux couches de nuages dont la plus basse intercepte les ondes sonores sans arrêter la lumière électrique, le tonnerre n'est pas entendu.

En général, on s'imagine que l'éclair est toujours descendant, qu'il nous arrive des hautes régions célestes pour s'anéantir dans le réservoir commun. Or, il n'en est pas toujours ainsi : l'éclair peut être ascendant, ou bien encore descendant, puis réascendant, c'est-à-dire qu'après s'être approché du sol, soit qu'il n'ait pas trouvé le chemin à sa convenance, soit qu'une force plus grande et irrésistible l'attire à nouveau vers les champs aériens, il s'envole vers les nuées d'où il s'était échappé.

En général, on ne craint que l'éclair direct. C'est là une grave erreur. Nombreux sont les cas de foudroiement à distance.

Ainsi, à la fin du mois de mai 1866, un douanier anglais faisait sa ronde sur les côtes d'une des îles de Shetland lorsqu'un éclair éblouissant jaillit non loin de là, atteignant une grosse roche. Ce malheureux fut complètement aveuglé et plongé subitement dans les ténèbres d'une nuit profonde. Il se serait inévitablement précipité dans un gouffre si ses camarades, attirés par ses cris, n'étaient venus à son secours pour le ramener chez lui.

Voici un autre cas :

Le 24 septembre 1826, un orage terrible, accompagné de nombreux éclairs et coups de tonnerre, éclata sur Versailles.

Au moment même où la foudre s'abattit sur la ferme de Galli, un vieillard qui se trouvait dans une rue de Versailles, à une distance de deux kilomètres de la ferme, éprouva subitement une violente commotion avec oppression et vertige et une demi-paralysie de la langue et de tout le côté gauche du corps. Le lendemain matin, ce malaise avait disparu, mais le soir, à l'heure où la commotion avait eu lieu, les mêmes symptômes d'évanouissement se firent sentir et il en fut de même jusqu'à la fin de la semaine. Il convient de remarquer qu'au moment de l'accident, M. B... se trouvait près du mur d'une maison, non loin d'un tuyau métallique conduisant les eaux pluviales jusqu'au niveau du pavé.

Le phénomène suivant, auquel nous avons déjà fait allusion, est non moins curieux.

Le 22 juillet 1868, vers sept heures du soir, à Gien-sur-

Cure (Nièvre), le tonnerre grondait avec violence déjà depuis quelque temps, quand tout à coup la foudre éclate sur une maison couverte de paille et y met le feu ; au même moment, une femme qui se trouvait dans une maison voisine située à dix mètres sent une commotion, voit le carrelage se soulever sous elle ; ses deux sabots sont brisés à ses pieds et une bouteille d'eau bénite destinée à faire des aspersions dans la maison est brisée dans sa main ; il ne lui reste que le goulot entre les doigts ; elle-même, à part cette commotion, n'éprouve rien.

Quant aux carreaux, au nombre de dix-neuf, ils ont été lancés dans toutes les directions.

Voici un autre cas, tout particulièrement remarquable, de *foudre ascendante* publié par les *Comptes rendus* de l'Académie des Sciences :

Le 9 juin 1870, à 2 heures du matin, à Porto-Alegre, dans la propriété de M. Laranja e Oliveira, au Brésil, par un violent orage, un domestique rentrait à la maison, lorsqu'à cent mètres environ, au moment où un éclair l'illumina, une vive et profonde démangeaison le piqua dans la chair des pieds, puis des jambes, puis du corps entier, puis de la tête, sur laquelle ses cheveux se hérissèrent au point qu'il *fut obligé de retenir son chapeau* pour l'empêcher de partir. En même temps, à deux mètres devant lui, une fumée blanche s'élança du sol avec accompagnement d'un fourmillement d'étincelles. Atterré par un tel phénomène, qu'il attribuait aux âmes de l'autre monde, il se crut pétrifié sur place. Cependant il finit par se sauver. Les objets métalliques qu'il portait sur lui furent *aimantés* par la même occasion. Une clef qu'il avait dans sa poche attirait encore deux jours après.

Ainsi, indépendamment de la fulguration ordinaire, dans laquelle la foudre que l'on suppose descendre toujours des nuages agit directement sur les corps, et du foudroiement à distance, l'homme et les animaux peuvent subir d'autres chocs électriques parmi lesquels on distingue le *foudroiement par le sol*, ordinairement désigné sous le nom impropre de choc en retour et qui n'est en vérité qu'une manifestation du courant ascendant ou du foudroiement à distance. Signalons aussi le *foudroiement par un homme foudroyé.*

Dans son *Histoire de l'air*, l'abbé Richard rapporte le fait suivant :

Aux environs du village de Rumigny, en Picardie, le 20 août 1769, à six heures du matin, la matière fulminante fit irruption du *sein de la terre*, tout d'un coup, et en assez grande quantité pour produire les plus violents effets. Le ciel nébuleux paraissait disposé à l'orage; un jeune cultivateur et sa femme suivaient à quelque distance une voiture attelée de quatre chevaux, lorsque le charretier, *sans voir d'éclairs et sans entendre aucun bruit de tonnerre*, fut renversé par terre. Ses quatre chevaux étaient étendus à terre morts auprès de la voiture; le sol présentait un *trou fumant*, d'où l'exhalaison étant sortie, alla tuer à cent pas de là le jeune homme et sa femme, éloignés l'un de l'autre de vingt pas. Le courant d'exhalaison fit tomber à cent pas plus loin le père du jeune homme, de la même manière qu'il avait renversé le charretier, mais sans les blesser ni l'un ni l'autre.

Les cadavres ne présentaient aucune blessure, mais seulement un gonflement considérable et une très grande difformité dans les traits. Le femme qui était jeune et jolie devint hideuse; tout son corps ainsi que celui de son mari était absolument jaune; les quatre chevaux avaient les intestins hors du corps; tous étaient renversés du même côté; le chapeau de l'homme était percé, et ses cheveux brûlés, mais il n'avait aucune contusion à la tête.

Cette relation, dans laquelle nous ne devons pas être surpris de trouver les idées et le langage du temps (remarquons, en passant, que le foudroyé n'a pas entendu le tonnerre et n'a pas même eu le temps de voir l'éclair dont il est victime), cette relation, dis-je, nous montre un cas de foudre ascendante. En voici un autre.

Le voyageur Brydone cite l'exemple suivant observé par lui-même :

Le 19 juillet 1785, un orage éclata entre midi et une heure, près de Goldstream. Une femme qui coupait du foin, près des rives de la Tweed *tomba à la renverse*. Elle appela sur-le-champ ses compagnons et leur dit qu'elle venait de recevoir sous le pied, et sans pouvoir dire de quelle manière, le coup le plus violent. En ce moment, il n'y avait eu dans le ciel ni éclair ni tonnerre. Le berger de la ferme de Lennel Hill vit tomber, à quelques pas de lui, un mouton qui, peu de moments auparavant, paraissait en parfaite santé; il le trouva raide mort. L'orage paraissait alors très éloigné. Deux tombereaux chargés de charbon de terre, conduits chacun par un jeune cocher assis en avant sur un petit siège, venaient l'un et l'autre de traverser la Tweed; ils achevaient de gravir une montée voisine des bords de cette rivière, lorsqu'on entendit à la ronde une forte détonation semblable à celle qui serait résultée de la décharge à peu près simultanée de plusieurs fusils, mais sans aucun roulement. Au même instant, le cocher du tombereau de derrière vit le tombereau de devant, les deux chevaux et son camarade tomber à terre. *Le cocher et les chevaux étaient raides morts. Le sol était percé de deux trous circulaires à l'endroit même où les roues le touchaient quand l'accident arriva.* Une demi-heure après l'événement, ces deux trous émettaient une odeur que Brydone compara à celle de l'éther. Les deux bandes circulaires de fer, qui recouvraient les deux jantes, offraient des marques évidentes de fusion dans les deux parties qui reposaient sur la terre au moment de la détonation, et nulle autre part. Le poil des chevaux avait été brûlé, particulièrement aux jambes et sous le ventre. Le corps du cocher présentait çà et là des marques de brûlures. Ses habits, sa chemise et son chapeau surtout, étaient réduits en lambeaux et répandaient une forte odeur.

Orioli cite le cas de deux hommes qui, surpris près du village de Benvenide par un ouragan des plus impétueux, se couchèrent à terre pour laisser passer le météore. Quelques moments après, l'un des deux se releva, péniblement fatigué, mais l'autre resta mort. Les os de ce dernier étaient tellement ramollis qu'il était facile de les plier ; le corps entier avait en quelque sorte la consistance d'une pâte : la langue avait été arrachée à sa racine, et l'on ne put savoir ce qu'elle était devenue.

Eh bien, de même que le sol peut produire le foudroiement par les rayons fulminants qu'il émet, de même le corps humain peut devenir foudroyant et agir à la manière de la foudre. Effectivement, après avoir été atteint par l'étincelle, il peut acquérir la faculté de foudroyer à son tour.

Ainsi, le 30 juin 1854, un nommé Barré fut tué par la foudre près du Jardin des Plantes, à Paris, et son corps resta exposé quelque temps à une pluie battante. Après l'orage, deux militaires du poste voisin, ayant essayé de transporter le cadavre, reçurent chacun un coup violent au moment même où ils touchèrent ce dernier Ils en furent quittes pour ce choc, peut-être parce que, trempé par une pluie abondante et éminemment conductrice de l'électricité, le corps avait eu le temps de perdre une partie du fluide.

Quel monde mystérieux que celui de l'électricité atmosphérique ! C'est bien là le nouveau monde de l'esprit scientifique, mine féconde en merveilles inconnues et même insoupçonnées, dont les richesses ne font que se révéler à notre admiration.

Un de nos plus précieux collaborateurs dans nos recherches sur la nature de la foudre est la photographie. Fidèlement, sans hésitation, elle enregistre en un document indestructible l'éclair fugitif qui s'imprime de lui-même sur la plaque sensible, et l'observateur peut ensuite examiner commodément et à loisir les moindres détails de la subite apparition. Nous possédons déjà un nombre considérable de clichés qui ont pris au vol la silhouette de l'étincelle. L'examen de ces images électriques est fort intéressant.

Qui sait si plus tard le phonographe, sans cesse perfectionné, n'enregistrera pas, lui aussi, le bruyant accompagnement de l'étincelle électrique? Alors, avec le secours du cinématographe, on aura de dramatiques représentations d'orages sensationnels... Tandis que la photographie déroulera sous les yeux des spectateurs toutes les phases de l'éclair depuis son évasion du nuage jusqu'à sa chute sur la terre, le phonographe répétera les accents sonores de la voix terrorisante du tonnerre.

Le tonnerre, comme tout le monde le sait, est le bruit qui accompagne l'étincelle. Il est produit par celle-ci lorsqu'un échange d'électricité, une neutralisation, s'opère entre deux points plus ou moins éloignés. Les causes qui le provoquent sont encore assez mystérieuses.

La fusée lumineuse qui s'élance précipitamment du nuage saturé d'électricité se répand comme une traînée de flammes dans l'atmosphère où flottent une infinité de molécules invisibles qu'elle refoule. Le passage de ce tourbillon de feu dans un milieu extrêmement compressible produit un vide momentané dans lequel se précipite aussitôt l'air environnant, et ainsi de suite tout le long de la route suivie par l'éclair.

Selon toute probabilité, l'équilibre de l'atmosphère momentanément rompu par l'intrusion de la matière ignée se rétablit brusquement par le retour de la masse d'air chassée par l'éclair et qui s'engouffre avec fracas dans l'ouverture qui se présente. C'est, en beaucoup plus grand, un phénomène semblable à celui qui se produit lorsqu'on ouvre brusquement un étui hermétiquement fermé : l'air en s'y engouffrant fait entendre un bruit sourd.

Pouillet a combattu cette explication assez naturelle en objectant que, si telle était la cause du tonnerre, le passage d'un boulet de canon devrait produire un bruit analogue. Mais l'objection pèche par sa base, car dans l'ordre du mouvement, le boulet de canon n'est qu'une tortue à côté de la flèche de la foudre, et dans l'ordre des grandeurs, peut-on raisonnablement comparer quelques grammes de poudre aux torrents de feu lancés dans l'espace par la force prodigieuse de l'électricité ?

La décharge fulgurante produit dans le nuage une commotion violente, et bien souvent une averse la suit immédiatement. Les états électriques des divers nuages qui composent un orage étant solidaires les uns des autres, la décharge de l'un doit amener celle de plusieurs autres plus ou moins éloignés. Dans un cas comme dans l'autre toutefois, le bruit est toujours causé par l expansion de l'air là où le vide plus ou moins partiel vient d'être fait, ainsi qu'il arrive pour les armes à feu, pour le crève-vessie, etc...

L'un des caractères particuliers du tonnerre est le roulement qui souvent se prolonge en se répercutant sur les flancs des monts escarpés. Cette voix dont le chant lugubre se développe en sons graves, quelquefois sinistres, dans l'espace révolutionné, cette voix céleste et infernale semble momentanément dominer le monde tandis que les nuées s'embrasent de mille flammes diaboliques. Là, elle fait tinter l'air d'appels farouches ; ailleurs elle se répand en plaintes sourdes et parfois langoureuses.

Du reste, l'intensité du tonnerre subit mille fluctuations et présente d'étonnantes variations. En général, elle frappe et épouvante. Mais, en réalité, pour l'oreille, elle est moins forte, chose singulière, que le grincement d'une feuille de papier que l'on déchire tout contre l'oreille.

Souvent aussi, on peut la comparer à la décharge d'une arme à feu, d'un pistolet ou d'un canon.

Ainsi, lorsque la foudre pénétra dans les appartements de Volney à Naples, les personnes présentes, parmi lesquelles se trouvait de Saussure, eurent l'impression d'un coup de pistolet tiré dans une chambre voisine.

On cite le cas de M. et Mme Boddington qui, étant placés sur le siège de derrière de leur voiture pour jouir de la vue de la campagne, avaient cédé leurs places dans l'intérieur à deux domestiques. Tout à coup, la foudre éclate, frappe M. et Mme Boddington, renverse les chevaux et projette le postillon à une grande distance. Les domestiques, nullement atteints, en furent quittes pour la peur. Quand ils furent revenus de leur frayeur, l'un d'eux raconta qu'un éclair extrêmement brillant avait été immédiatement suivi d'un bruit semblable à la décharge d'un coup de mousquet fortement chargé, et qu'il avait cru qu'un malfaiteur avait fusillé les chevaux. La terreur qu'il en avait ressentie l'avait immobilisé pendant fort longtemps, de sorte qu'il n'avait pu se rendre compte de la situation.

D'autres fois, le tonnerre est accompagné d'un sifflement, mais en général, c'est le roulement qui domine.

On se demande quelquefois à quoi est dû ce roulement, souvent fort long. Plusieurs causes sont ici en présence. La première est due à la longueur de l'éclair et à la différence de vitesse du son et de la lumière. Supposons, par exemple, un éclair horizontal AE, de 11.000 mètres de long. L'observateur situé en O, au-dessous de l'extrémité E de l'éclair, qui se dessine à 1 kilomètre de hauteur, verra cet éclair dans toute sa longueur en un instant indivisible; le son se formera aussi à l'instant même sur toute la ligne de l'éclair. Mais les ondes sonores n'arriveront à l'oreille de l'observateur qu'en des temps différents. Celle qui part du point

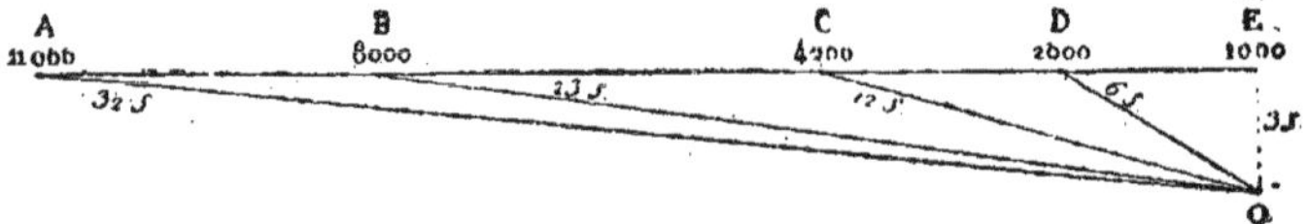

Explication de la durée du bruit du tonnerre.

E, le plus rapproché, arrivera en trois secondes, le son parcourant environ 337 mètres par seconde. Celle qui s'est formée au même moment au point D, à 2.000 mètres du point O, met le double de temps à arriver. Celle qui vient du point C, à 4.000 mètres, n'arrivera qu'après douze secondes... Le son formé en B n'arrive qu'après le temps nécessaire pour franchir 8 kilomètres, c'est-à-dire après vingt-trois secondes, et le son formé en A après 32 secondes. Ainsi, le roulement aura duré plus d'une demi-minute, en allant en s'éteignant.

Si, ce qui est fréquent, l'observateur ne se trouve pas justement placé vers l'une des extrémités de l'éclair, mais en un point quelconque de son trajet, il entend d'abord le coup, puis une augmentation du bruit, ensuite une diminution. En effet, dans ce cas,

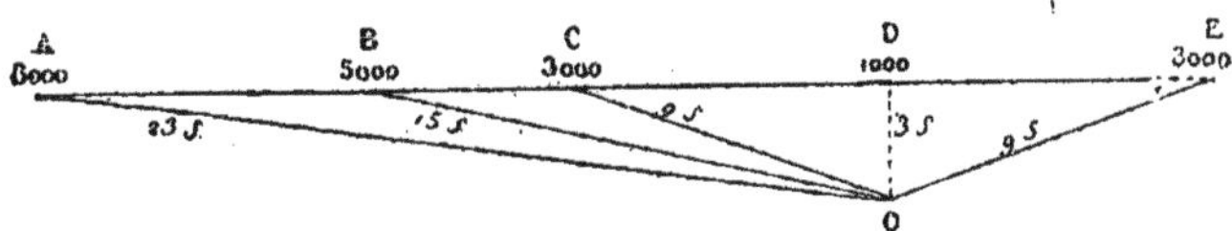

Commencement, renforcement et diminution de l'intensité du tonnerre.

le son parti d'un point D situé au-dessus de la tête, et à 1.000 mètres de hauteur, arrive seul en trois secondes ; mais les sons formés de D en E d'une part, et de G en D d'autre part, arrivent en même temps en s'ajoutant l'un à l'autre pendant neuf secondes, temps nécessaire pour venir de 1.000 mètres à 3.000 mètres. A partir de G, les sons arrivent en s'éteignant par la distance comme dans l'exemple précédent, et le tonnerre a duré vingt-trois secondes au lieu de trente-deux.

Ajoutons que l'éclair n'est jamais droit, mais sinueux.

La durée du roulement n'a aucun rapport avec la distance du nuage où le phénomène a pris naissance.

Elle est proportionnelle à la longueur de l'éclair auquel le tonnerre est associé. Le roulement est souvent prolongé encore par une suite de petites décharges qui s'opèrent en cascades, très rapidement, entre les nuages orageux par les zigzags et les ramifications des éclairs causés par la diversité hygrométrique des différentes couches d'air, les échos répétés par les montagnes, le sol, les eaux et les nuages eux-mêmes, — à quoi il faut ajouter aussi les interférences produites par la rencontre des divers systèmes d'ondes sonores.

Sa durée est extrêmement variable. Cependant, elle excède rarement 30 secondes, bien que le bruit semble durer parfois beaucoup plus longtemps. Pour qu'une observation de ce genre ait quelque valeur, il faut avoir soin de faire la part de l'écho, et d'isoler un coup unique du chapelet de décharges qui s'opèrent au sein de l'orage. La plus longue durée constatée pour une seule décharge est de quarante-cinq secondes ; ce qui est énorme si l'on songe à l'instantanéité de l'éclair, et si l'on remarque que l'étincelle et le tonnerre se produisent et s'évanouissent en réalité au même moment, qu'ils sont solidaires l'un de l'autre, et qu'il y n'a dans leurs diverses manifestations physiques sur notre organisme qu'une différence de mouvement.

Le son marche à pas de tortue derrière la svelte lumière dont les vibrations se répandent dans l'air avec une inconcevable rapidité.

Ces quarante-cinq secondes correspondent donc à une longueur d'éclair de plus de quinze kilomètres. Mais nous savons déjà qu'il y en a de plus longs encore.

Nous avons déjà dit qu'on pouvait calculer la distance du canon céleste d'où est partie la décharge fulminante en comptant le nombre de secondes qui séparent l'apparition de l'éclair des premiers gémissements du tonnerre. Or, le plus long intervalle qu'on ait constaté entre la visibilité de l'étincelle et le bruit qu'elle produit est de soixante-douze secondes. Ces soixante-douze secondes représentent vingt-quatre kilomètres pour la distance du nuage. C'est là, d'ailleurs, un maximum.

De nombreuses observations prouvent que le tonnerre ne s'entend jamais au-delà de vingt-cinq kilomètres, et rarement au-delà de vingt ou même quinze. Les éclairs percent le voile nuageux, mais la voix du tonnerre ne porte plus. En cela, le grand Jupiter se montre inférieur à l'ingéniosité des pygmées humains dont l'art destructif et barbare a su composer des engins infernaux qui répandent leur vacarme à des distances beaucoup plus grandes.

Le canon s'entend fort bien à quarante kilomètres. Parfois, les canonnades des sièges et des grandes batailles retentissent lugubrement à plus de cent kilomètres.

Pendant le siège de Paris, les canons Krupp, — dans lesquels les hommes d'Etat de cette planète saluent l'engin de civilisation le plus expéditif, — se faisaient entendre pendant les nuits du bombardement jusqu'à Dieppe, à cent quarante kilomètres de Paris. La canonnade du 30 mars 1814, qui couronna le premier empire comme celle-là a couronné le second, fut entendue entre Lisieux et Caen, à cent soixante-quinze kilomètres de Paris. Arago rapporte même qu'on entendit le canon de Waterloo jusqu'à Creil qui en est distant de deux cents kilomètres. Ainsi, la foudre fabriquée par la main humaine se fait entendre beaucoup plus loin que la foudre de la nature. Il est vrai qu'elle est incomparablement plus méchante et qu'elle fait infiniment plus de victimes.

A l'état sauvage, si l'on peut s'exprimer ainsi, c'est-à-dire lorsque, livré à lui-même, il nous vient directement des hautes régions de l'atmosphère, le fluide électrique est le plus terrible des messagers de l'air : violent et malicieux, cet agent subtil devient la terreur du genre humain. Mais, dompté par le génie de l'homme, il concourt puissamment aux progrès de la civilisation moderne et l'on ne saurait trop admirer ses applications multiples.

Si l'on pouvait apprivoiser la foudre, et diriger sûrement l'étincelle, ses services deviendraient peut-être innombrables. La foudre devenue l'auxiliaire des hommes ? Pourquoi pas ?... N'était-elle pas jadis, dans les siècles d'ignorance, l'auxiliaire des dieux ? Aujourd'hui, n'est-elle pas pour les observateurs modernes une des plus grandioses expressions des forces de la nature ? Pourquoi ne serait-elle pas demain la collaboratrice de l'intelligence humaine ?

CHAPITRE IV

LA FOUDRE EN BOULE

Nous pénétrons ici dans le domaine le plus mystérieux peut-être et le plus inexploré de la foudre...

Parmi les phénomènes électriques observés dans l'atmosphère, rien n'est plus bizarre que ces globes fulminants dont la forme et les dimensions rappellent les lumières de nos boulevards. Mais tandis que celles-ci suppléent utilement au coucher de l'astre du jour, les ballons de feu échappés des nuages en temps d'orage sèment sur leur passage la crainte et l'effroi, car parfois leurs effets terribles sont rivaux de ceux de la foudre commune.

En certains cas, le tonnerre en boule donne l'impression d'un étrange petit animal animé des plus mauvais instincts. Cependant, sa cruauté ne va pas toujours jusqu'à donner la mort : un évanouissement, une grande frayeur, le pillage d'une maison, la destruction d'un édifice suffisent souvent à calmer ses instincts belliqueux.

Si nous jetons un coup d'œil rétrospectif sur l'histoire de la foudre en globe, nous voyons tout d'abord qu'elle apparaît comme un nouveau personnage dans le monde si compliqué et si vaste de l'électricité atmosphérique. Pendant longtemps elle fut reniée des savants, et non admise dans la société foudroyante des phénomènes orageux. Ne pouvant l'expliquer, on trouvait plus simple de l'exclure du domaine scientifique, au risque de faire mentir la nature.

Considérée comme l'objet légendaire des croyances populaires, personne n'osait proclamer sa réalité. Il fallait qu'elle fît acte de présence par une suite de prouesses fantastiques et souvent désastreuses, et que ses faits et gestes fussent observés par des personnes dont la science et la bonne foi ne pussent être mises en doute, pour qu'on se décidât à lui accorder une place honorable dans l'empire des météores ignés. Et, disons-le tout de suite, il ne s'agit pas ici d'un des moindres sujets de l'armée météorique dont les javelots de feu et les projectiles de toutes sortes nous rappellent trop souvent que nous ne sommes pas les seuls maîtres de notre petite sphère terrestre.

Effectivement, l'existence de l'éclair en boule est aujourd'hui non seulement prouvée, mais encore a-t-on constaté que cette manifestation de la foudre n'est pas la moins à craindre, et qu'il faut compter avec elle autant qu'avec les autres formes d'éclairs.

Certains orages sont remarquables par la multiplicité des globes de feu auxquels ils donnent naissance, mais pourtant, ces curieux phénomènes sont relativement peu fréquents : c'est la fleur la plus rare des gerbes foudroyantes. On en compte peut-être un seul pour cent éclairs ordinaires.

L'éclair en boule n'est pas toujours absolument sphérique, bien que cette forme soit celle qu'il adopte ordinairement En général, ses contours sont nets, bien définis, mais pourtant on a vu certains de ces météores entourés d'une auréole lumineuse rappelant les nimbes diaphanes qui, parfois, entourent la lune dans les soirées pluvieuses.

Quelquefois aussi, la boule s'allonge et devient ovale. En certains cas, elle est munie d'une flamme rouge comparable à la mèche d'une bombe ou bien, au contraire, elle glisse doucement dans le ciel comme une innocente étoile filante.

Il n'est pas rare qu'elle laisse derrière elle une traînée lumineuse qui lui donne l'aspect d'une fusée.

Cette traînée vaporeuse peut même persister assez longtemps après le passage du météore.

Ne l'a-t-on pas vue aussi se pelotonner sur elle-même comme un jeune chat se mouvant sans être porté sur ses pattes, ou bien revêtir la forme d'une barre enflammée pour passer d'un lieu à un autre?

La foudre en boule aime les transformations. C'est une adepte de la métempsycose.

Là, elle apparaît comme une belle orange d'un rouge éclatant; on la toucherait presque du doigt, tant elle semble inoffensive; le plus souvent on la compare à la lune. On cite un cas où elle présentait la largeur d'une meule de moulin. Sa couleur, son mouvement, en un mot, toutes ses propriétés sont très variables.

Un des caractères particuliers de la foudre globulaire, c'est la lenteur avec laquelle elle se meut et qui, parfois, permet de la suivre pendant plusieurs minutes.

Nous avons déjà présenté, au premier chapitre de

cet ouvrage, plusieurs cas fort curieux de « foudre en boule ». En voici un choix très diversifié. Le premier est extrait de la savante Notice d'Arago sur *Le Tonnerre*. Il a été observé par Batti, peintre de marine de l'impératrice d'Autriche, qui habitait Milan.

Au mois de juin 1841, j'étais à Milan, logé au second, hôtel de l'Agnello, dans une chambre qui donnait sur le Corso dei Servi. C'était dans l'après-midi, vers six heures; la pluie tombait à torrents, les éclairs illuminaient les pièces les plus sombres mieux que ne fait le gaz chez nous. Le tonnerre éclatait de temps en temps avec un bruit épouvantable. Les fenêtres des maisons étaient fermées, la rue était déserte; car, comme je l'ai dit, la pluie tombait à verse et la voie publique était convertie en un torrent. J'étais assis tranquillement, fumant mon cigare et regardant de loin par ma fenêtre ouverte la pluie qui, illuminée de temps en temps par le soleil, se dessinait en fils d'or, lorsque j'entendis dans la rue plusieurs voix d'enfants et d'hommes qui criaient : *guarda, guarda* (regardez, regardez), et en même temps j'entendis le bruit de quelques souliers ferrés. Habitué depuis une demi-heure au silence humain, le bruit dont je parle éveilla mon attention; je courus à la fenêtre, et tournant la tête du côté d'où venait le bruit, c'est-à-dire à droite, la première chose qui frappa mes yeux fut un globe de feu qui marchait au milieu de la rue et au niveau de ma fenêtre, dans une direction non pas horizontale, mais sensiblement oblique. Huit ou dix personnes du peuple, continuant à crier : guarda, guarda, les yeux fixés sur le météore, l'accompagnaient en marchant dans la rue d'un pas que les soldats nomment le pas accéléré. Le météore passa tranquillement devant ma fenêtre et m'obligea à tourner la tête du côté gauche pour voir comment finirait son caprice. Après un moment, craignant de le perdre de vue derrière les maisons qui sortaient de la ligne de celle dans laquelle j'étais logé, je descendis en hâte dans la rue, et j'arrivai encore à temps pour le voir et me joindre aux curieux qui le suivaient. Il marchait toujours aussi lentement, mais il s'était élevé, car j'ai déjà dit qu'il allait obliquement ; de manière que, après trois minutes de marche toujours montante, il alla heurter la croix du clocher de l'église *dei Servi*, et disparut. Sa disparition fut accompagnée d'un bruit sourd comme celui que peut faire un canon de trente-six entendu à la distance de 25 kilomètres avec un vent favorable.

Pour donner une idée de la grandeur de ce globe igné et de sa couleur, je ne puis que le comparer à la lune, telle qu'on la voit se lever sur les Alpes, pendant les mois d'hiver et par une nuit claire, comme je me rappelle l'avoir vue quelquefois à Inspruck, dans le Tyrol, c'est-à-dire d'un jaune rougeâtre, avec quelques taches plus rouges encore. La différence est qu'on ne voyait pas de contours précis dans le météore, comme on les voit dans la lune ; mais qu'il semblait enveloppé dans une atmosphère de lumière dont on ne pouvait marquer la limite précise.

Ce « tonnerre en boule » a été fort inoffensif, et curieusement suivi par plusieurs observateurs. Nous pourrions signaler, à l'opposé, certains faits effrayants par le nombre des victimes ou les dégâts causés par le météore.

Le 27 juillet 1789, vers trois heures de l'après-midi, la foudre, sous la forme d'un boulet de canon du plus gros calibre, tomba dans la salle de spectacle de Feltri (Marche Trévisane), où plus de six cents personnes étaient réunies, blessa soixante-dix personnes, en tua six, et éteignit toutes les lumières.

Le 11 juillet 1809, vers onze heures du matin, un globe de feu pénétra dans l'église de Châteauneuf-les-Moustiers (Basses-Alpes), au moment où l'on sonnait les cloches et pendant qu'une nombreuse assemblée y était réunie. Neuf personnes furent tuées sur le coup, et quatre-vingt-deux autres furent blessées. Tous les chiens qui étaient dans l'église furent trouvés morts. Une femme qui était dans une cabane, sur une montagne voisine, vit tomber successivement trois globes de feu qui semblaient devoir réduire le village en cendres.

Müsschenbrœk raconte le fait suivant, observé à Solingen (Prusse rhénane), en 1711. M. Pyl, pasteur à Duytsbourg, prêchait un dimanche, quand, au milieu d'un orage, une boule incandescente, qui ressemblait à une bombe, tomba par le clocher dans l'église et éclata en faisant un bruit infernal. Le sanctuaire se trouva subitement rempli de feu et de fumée. Trois personnes furent tuées net, et plus de cent furent blessées.

Nous relevons, dans le *Bulletin de la Société Astronomique de France*, la relation suivante communiquée par Mlle de Soubbotine, membre de cette Société :

Le 22 mai 1901, éclatait à Ouralsk un orage effroyable. C'était un jour de fête, toutes les rues étaient pleines de monde. Vers cinq heures du soir, plusieurs jeunes gens et jeunes filles (vingt et une personnes en tout) s'étaient réfugiés dans le vestibule d'une maison, et une jeune fille de dix-sept ans, Mlle K..., s'était assise, sur le seuil, tournant le dos à la rue. Tout à coup, un violent coup de tonnerre retentit, et, devant la porte, apparut une éblouissante boule de feu qui descendit lentement jusqu'à terre et se dirigea vers la porte. Après avoir touché à la tête Mlle K..., qui s'inclina immédiatement, la boule tomba sur le plancher au milieu de la société réunie, en fit le tour, puis, frappant dans la porte de la chambre du maître qu'elle brûla aux pieds, elle fit toutes sortes de dégâts dans cette pièce, démolit la muraille, entra dans le poêle de la chambre voisine, cassa la cheminée, frappa l'étamis de fer et l'arracha avec une telle violence qu'elle fut rejetée vers la muraille opposée, et après avoir brisé les vitres, sortit par la fenêtre.

Le premier émoi passé, voici ce que l'on constata : la porte près de laquelle Mlle K... était assise était rejetée dans la cour, et, dans le plafond, il y avait deux trous de 18 centimètres chacun.

La jeune fille, assise sur le seuil, la tête inclinée, paraissait endormie ; quelques personnes marchaient dans la cour sans rien voir ni même entendre; les autres étaient couchées dans le vestibule, toutes évanouies. Mlle K... était morte ; la foudre l'avait frappée à la nuque, avait suivi le dos, la hanche gauche, et laissé une trace noire; près du doigt, il y avait une petite plaie avec un peu de sang ; l'un des souliers fut déchiré dans toute sa longueur, et dans un des bas, il y avait un petit trou.

Tous les blessés étaient devenus sourds.

Dans ces quatre cas, le globe foudroyant se montre terriblement meurtrier et brutal, mais il n'est pas toujours aussi cruel. Ces sphères de feu ne sont pas inévitablement mortelles, et même, dans la majorité des cas, elles semblent folâtrer, sans but homicide, et sans autre intention que de provoquer le petit frémissement de la peur.

Voici quelques facéties de la foudre en boule :

Le 10 septembre 1845, vers deux heures après midi, pendant un violent orage, la foudre atteignit une maison du village de Salagnac (Creuse). Au coup de tonnerre, qui fut très violent, une boule de feu étincelante descendit par la cheminée. Un enfant et trois femmes, qui étaient là, n'eurent aucun mal. Elle roula ensuite vers le milieu de la cuisine et passa près des pieds d'un jeune paysan qui s'y trouvait debout. Puis elle entra dans une pièce à côté de la cuisine et y disparut sans laisser aucune trace. Les paysannes, effrayées, engageaient l'homme à mettre son pied dessus pour l'éteindre ; mais celui-ci se rappela s'être fait électriser aux Champs-Elysées dans un voyage à Paris, et jugea prudent d'éviter, au contraire, tout contact. Dans une petite écurie, à côté, on trouva tué un porc qui y était renfermé. La foudre avait traversé la paille sans y mettre le feu.

Le 12 juillet 1872, un nouvel exemple de tonnerre en boule se montra dans la commune d'Hécourt (Oise). Pendant l'orage, on vit un globe de feu de la grosseur d'un œuf brûler sur le lit. On essaya de l'éteindre, mais tout fut inutile ; et bientôt la maison entière, les habitations voisines et les granges furent la proie des flammes.

Le 9 octobre 1885, à 8 heures 25 minutes du soir, pendant un violent orage, dans une maison de Constantinople, occupée par une famille qui se trouvait à table, dans une salle du rez-de-chaussée, on a vu un globe de feu, de la grosseur d'une petite pomme, pénétrer par la fenêtre ouverte. Ce globe vint frôler un bec de gaz, puis se dirigeant vers la table, il passa entre deux convives, fit le tour d'une lampe centrale suspendue au milieu de la table, enfin se précipita dans la rue où il éclata avec un fracas épouvantable sans avoir commis aucun dégât ni blessé personne. Non loin du théâtre de ce phénomène se trouvent des édifices pourvus de nombreux paratonnerres. Aucune odeur n'a été signalée à la suite du phénomène.

Voici encore une histoire fort curieuse du tonnerre en boule, où le météore semble s'être diverti :

Un groupe de cinq femmes se réfugia, un jour d'orage et sous une salve de coups de tonnerre, à l'entrée du couloir d'une maison pour se mettre à l'abri de la pluie et des éclairs.

Elles venaient à peine de franchir le seuil de la porte qu'éclatait un formidable coup de foudre, et ces pauvres femmes, auxquelles s'étaient jointes deux jeunes filles, tombaient subitement à la renverse, affolées, éblouies par un fulgurant éclair en forme de boule. L'une des jeunes filles resta fort longtemps sans connaissance ; les autres personnes furent blessées plus ou moins grièvement, cependant toutes sauvées. Mais le fait le plus extraordinaire de cet étonnant coup de foudre se place ici :

Du même côté de la rue que le couloir, dans une maison voisine, à sept ou huit mètres de distance, dans une chambre basse fermée à ce moment, une jeune femme travaillait à sa machine à coudre. Au moment de l'explosion du tonnerre, cette personne ressentit dans tout le corps une secousse violente, et, au niveau du dos, une brûlure très vive, justifiée d'ailleurs. Elle portait effectivement, au milieu de l'omoplate et aussi à la jambe, de profondes brûlures qui, heureusement, furent assez rapidement cicatrisées. Or, dans la chambre de cette dernière blessée, on n'a pu relever aucune trace du passage de la foudre, ni au plafond, ni au plancher, ni au mur, de sorte qu'il a été absolument impossible de savoir par où le fluide électrique avait pénétré dans cette pièce, située dans une maison voisine et séparée par deux grosses murailles et tout l'espace d'une chambre du lieu où la foudre éclata.

Mystère ! La foudre en boule se fait si petite, que son passage devient insaisissable même à l'œil le plus exercé. En certains cas, elle semble se réduire en vapeur pour passer d'un endroit dans un autre.

Mais si elle épargne souvent les hommes, elle prend sa revanche sur les pauvres animaux qui, sauvagement, sont immolés sur l'autel de Jupiter tonnant.

Ainsi, le 16 février 1866, la foudre s'est abattue sur la ferme de la Pinaudière, commune de la Chapelle-Largeau (Deux-Sèvres), et les circonstances dans lesquelles le phénomène s'est produit sont trop curieuses pour que nous les passions sous silence. A la suite d'un violent ouragan, et au cours d'un orage épouvantable, après un terrible coup de tonnerre, un jeune homme qui se trouvait près de la ferme vit tomber à ses pieds un énorme globe de feu, mais il ne reçut aucune blessure. La boule électrique traversa une chambre de la ferme dans laquelle se trouvaient neuf personnes qui n'eurent aucun mal. Seulement, au passage du fluide, des allumettes chimiques placées sur la cheminée se mirent à flamber.

Comme la foudre s'était dirigée vers l'étable, on y courut, et voici ce que l'on constata : Cette étable est divisée en deux parties. D'un côté, se trouvaient deux vaches et deux bœufs ; la première vache, placée à droite en entrant, était tuée, la seconde n'avait aucun mal ; un bœuf, occupant la troisième place, était mort, et un autre bœuf, le quatrième, n'avait pas été atteint.

Le même effet s'est produit dans l'autre partie de l'étable, où étaient quatre vaches : la première et la troisième ont été tuées ; la seconde et la quatrième ont été épargnées. Ainsi, *les nombres impairs ont été frappés* et *les nombres pairs n'ont pas été touchés*.

Ces cas d'alternance ne sont pas absolument rares. On les a remarqués aussi sur des piles d'assiettes trouées de deux en deux. A quoi sont-ils dus ?

Parviendra-t-on jamais à suivre la foudre dans le mystère de ses énigmatiques voyages?

L'observation suivante est aussi fort extraordinaire. Mais, pas plus que la précédente, elle n'élucide le problème.

Le 24 août 1895, vers dix heures du matin, pendant l'orage et la pluie, plusieurs personnes virent descendre du ciel un globe de couleur blanchâtre ayant à peu près 2 centimètres de diamètre, qui, ayant bondi sur le sol, se divisa en deux globes plus petits. Ces deux globes s'élevèrent dans l'air jusqu'à la hauteur de deux cheminées contiguës, appartenant à deux maisons voisines, et disparurent. L'un des deux globes était descendu par une cheminée ; il traversa une salle dans laquelle se trouvaient un homme et un enfant, sans leur faire aucun mal, et, à leurs pieds, pénétra dans le plancher, perforant une brique comme à l'emporte-pièce. Comme trace de son passage, la foudre laissa une ouverture à peine grande comme une pièce de un franc. Au-dessous de l'appartement dont il vient d'être question, se trouve la bergerie de M. Ferrand. Le fils de ce dernier, assis sur le seuil de sa porte, vit tout à coup une clarté au-dessus du troupeau, tandis que les brebis sautaient affolées. Quand il s'approcha, sifflant pour calmer son troupeau, il constata avec stupeur que cinq moutons venaient d'être tués par le feu du ciel. Les bêtes ne portaient ni blessure ni trace de brûlure; seulement, autour de leurs lèvres, un peu d'écume légèrement rosée. Dans la maison voisine, un globe de feu, le deuxième, était descendu par la cheminée et avait fait explosion dans la cuisine, en causant de grands dégâts.

En 1890, un jeune cultivateur travaillait dans une pièce de terre située à 3 kilomètres de Montfort-l'Amaury. Un orage étant survenu, le jeune homme se mit à l'abri contre ses chevaux ; il s'absenta un moment pour aller chercher son fouet, et quand il revint, il vit sur l'oreille d'un de ses chevaux un globe de feu Au même instant, ce globe faisait explosion avec un bruit assourdissant. Les deux chevaux tombèrent; l'un d'eux ne put se relever. Le cultivateur fut, à son tour, lancé en l'air.

D'autres fois, le météore est aussi inoffensif qu'un vulgaire pétard.

Le 21 avril 1901, à Lanxade, près Bergerac, l'orage grondait fortement depuis plusieurs heures déjà quand soudain, en même temps que se faisait entendre un faible coup de tonnerre, une boule de feu de la grosseur de « l'ouverture d'un sac de blé » est tombée assez lentement au bord de la Dordogne, endommageant plusieurs arbres fruitiers, puis a traversé le fleuve entre deux eaux, *provoquant une gerbe de plusieurs mètres sur son parcours*. La boule de feu s'est perdue presque aussitôt dans les sillons d'un champ de blé.

Il est fort étrange que le globe électrique ne se soit pas « noyé » dans le fleuve qui, par son excellente conductibilité, semblait devoir retenir l'audacieuse vagabonde.

Le 12 novembre 1887, on a observé dans l'Océan Atlantique nord un cas très bizarre de tonnerre en boule.

Tout à coup, à minuit, près du cap Race, une énorme boule de feu apparut, s'élevant lentement de la mer jusqu'à la hauteur de seize à dix-sept mètres. Cette boule se mit à marcher contre le vent et vint s'arrêter près du navire d'où on l'observait. Puis elle s'élança vers le sud-est et disparut. L'apparition avait duré environ cinq minutes.

En juillet 1902, au cours d'un violent orage et après un fort coup de tonnerre, on a vu soudain apparaître dans la rue Véron, à Montmartre, un globe de feu de la grosseur d'un ballon d'enfant. Après avoir voyagé au-dessus du sol, et s'être promené devant la boutique d'un marchand de vin, ce météore a éclaté subitement avec fracas, à la façon d'une bombe, heureusement sans atteindre personne et sans causer aucun dégât.

Dans ces derniers cas, le fluide a observé une tenue irréprochable. On ne saurait être plus convenable! Mais les émissaires de Jupiter ne sont pas toujours aussi polis.

Nous allons voir maintenant des foudres globulaires tout à fait irrespectueuses! Ainsi :

Le petit village de Candes, situé au confluent de la Vienne et de la Loire, a reçu la visite d'un globe fulminant au mois de juin 1897. Au moment où la foudre atteignait leur maison, trois personnes réunies sous une véranda virent distinctement une boule de feu parcourir environ trente mètres, venir éclater avec fracas, en faisant jaillir des étincelles sur la serrure de la véranda. Au même instant, les domestiques aperçurent une autre boule incandescente traverser un jardin situé de l'autre côté de la maison, et se précipiter dans un bassin. Un jardinier fut renversé sans éprouver aucun mal.

Le 6 mars 1894, M. Dandois, professeur de chirurgie à l'Université de Louvain, s'était rendu à Linden, près de Louvain, par le chemin de fer vicinal pour visiter un malade. A son retour, le ciel s'était fort obscurci ; aussi hâtait-il le pas pour arriver à une habitation, en ayant soin de s'éloigner des poteaux télégraphiques plantés le long de la route. Tout à coup, une sphère de feu l'enveloppa et le projeta, par-dessus le fossé de la route, dans les champs où il tomba sans connaissance.

Un quart d'heure après, remis de sa commotion

sans autre mal qu'un engourdissement d'un bras et d'une jambe, le docteur put se remettre en route. Mais le parapluie avait été maltraité par le fluide fulminique. On le retrouva brûlé et les « baleines » en acier fondues. En ce cas, le parapluie a rempli les fonctions d'un petit paratonnerre portatif, et a probablement sauvé la vie de son propriétaire. La foudre aurait fait sans doute une victime de plus si le manche eût été en fer au lieu d'être en bois.

Une autre fois, la foudre tombe sur une maison, pousse violemment une porte légèrement ouverte et pénètre dans la cuisine sous la forme d'une bille de feu.

A la vue de cette visiteuse insolite, qui se promenait dans cette pièce comme chez elle, la cuisinière épouvantée se sauva sans éprouver aucun mal. La lingère qui travaillait à la fenêtre reçut au front une brûlure de la grandeur d'une pièce de cinquante centimes, suivie d'une petite traînée de cinq à six centimètres. Cette brûlure ressemblait à une comète en miniature.

Après avoir éclaté, la foudre suivit le tuyau de la cheminée qu'elle ramona, car après son passage, on trouva une poussière noirâtre détachée sans doute de l'intérieur de la cheminée, et on constata une forte odeur de soufre [1].

Il est vraiment miraculeux que les témoins de ces dernières observations s'en soient tirés à si bon compte, car la foudre est, hélas ! trop souvent messagère de la mort, et ses ailes de lumière emportent généralement dans l'Eternité ceux qu'elles frôlent.

Quelquefois, fort heureusement, le tonnerre fait

[1] Oxygène de l'air électrisé, *ozone*.

plus de peur que de mal. Il paraît s'amuser de nos terreurs.

J'ai là, sous les yeux, un grand nombre de relations très variées. Loin d'élucider le mystère, chacune d'elles présente l'énoncé du problème sous une forme différente, nouvelle et déconcertante... Impossible de tirer aucune conclusion de tant de faits fantastiques! Les hypothèses se multiplient avec les observations.

Voyons encore celle-ci :

Un violent orage grondait près de Marseille lorsque sept personnes réunies dans un salon, au rez-de-chaussée d'une maison de campagne, virent entrer la foudre sous la forme d'un globe de feu du diamètre d'une assiette.

Le météore se dirigea sur une jeune fille de dix-huit ans qui, frappée de terreur, s'était jetée à genoux, l'atteignit aux pieds, puis rebondit jusqu'au plafond, et se mut ainsi trois ou quatre fois, avec une sorte de régularité, en frappant alternativement le plafond et les pieds de la jeune fille, sans que celle-ci éprouvât d'autre sensation qu'une légère crampe aux jambes... Le globe de feu sortit ensuite par le trou d'une serrure. Quant à la jeune fille, elle ne put se relever immédiatement. Pendant plus de quinze jours, elle ne put marcher seule, et pendant deux ans, au moment où elle s'y attendait le moins, elle s'affaissait sur elle-même et tombait complètement si personne n'était là pour la soutenir.

La foudre ne semble-t-elle pas, dans ce cas-là, faire une innocente partie de ballon entre le plafond et le plancher ?

N'est-il pas étrange de voir des masses de feu se

diriger inconsciemment avec « tant d'esprit » que leur conduite nous inspirerait volontiers une certaine confiance ?

Malheur à ceux qui se laissent séduire par ces apparences trompeuses. Toute familiarité nous est interdite avec ces troublantes visiteuses envers lesquelles on doit observer la plus grande réserve.

Autrement, voici à quoi l'on s'expose :

Un jour, non loin de Secondigny (Deux-Sèvres), deux jeunes enfants de douze à quinze ans jouaient sur la route. Tout à coup, ils voient rouler devant eux une boule de feu de la grosseur d'une orange.

L'engin était ravissant et d'apparence inoffensive.

L'un d'eux, pour s'amuser, touche le globe du bout du pied ; aussitôt, une explosion épouvantable se fait entendre. Le jeune imprudent est tué net, et son camarade jeté à terre, mais sans accident grave.

Ces sphères de feu, formées au sein même de notre atmosphère, dans notre voisinage, nous sont peut-être plus mystérieuses encore que l'énorme globe solaire auquel nous devons l'éclosion et la vie de toutes choses ici-bas. Si nous hésitons encore aujourd'hui sur la nature des taches du Soleil, déjà nous avons pu analyser la composition chimique des éléments constitutifs du dieu du jour. Nous connaissons ses dimensions, son poids, sa distance, sa rotation, etc.

Mais les sphères électriques échappées des nuages en temps d'orage nous transportent en plein inconnu. Impossible d'assigner aucune règle à ces dangereux météores.

Il n'est pas rare de voir la foudre en boule se diriger de bas en haut, ou bien descendre puis remonter après avoir touché le sol : mais le fait des bonds réguliers dont nous parlions plus haut est exceptionnel, sinon unique.

Si l'on s'en rapporte à certaines observations qui paraissent authentiques, on aurait vu le tonnerre en boule, au moment de sa naissance, se former à la surface du plancher d'une chambre, à l'entrée d'un puits, ou surgir des dalles d'une église.

En 1713, au château de Fosdinaro, sur le territoire de Massa Carrara, pendant un orage et une pluie en quelque sorte diluvienne, on vit subitement apparaître à la surface du pavé un feu très vif, d'une lumière blanche et bleue. Le feu semblait très agité, mais sans mouvement progressif, et il se dissipa instantanément après avoir acquis un grand volume. Au même moment, un des témoins de ce curieux phénomène sentit derrière son épaule, de bas en haut, un chatouillement particulier ; des plâtras détachés de la voûte de la salle tombèrent sur sa tête ; enfin, un craquement, un bruit très différent du roulement habituel du tonnerre se fit entendre.

En 1750, le 2 juillet, à trois heures environ après-midi, l'abbé Richard se trouvait pendant un orage dans l'église Saint-Michel de Dijon. « Tout à coup, dit-il, je vis paraître, entre les deux piliers de la grande nef, une flamme d'un rouge assez ardent qui se soutenait en l'air, à trois pieds du pavé de l'église ; elle s'éleva ensuite à la hauteur de douze à quinze pieds en augmentant de volume, et après avoir parcouru quelques toises en continuant de s'élever en diagonale à la hauteur à peu près du buffet de l'orgue, elle finit en se dilatant par un bruit semblable à celui d'un canon que l'on aurait tiré dans l'église même. »

Ce fait ne rappelle-t-il pas absolument celui que nous avons rapporté au premier chapitre, d'après Grégoire de Tours. N'expliquerait-il pas aussi le globe de feu de « la Messe de Saint-Martin » ?

Le 21 juillet 1745, un violent orage éclata sur Boulogne, et la foudre frappa une tour attenant à un monastère de femmes. On vit sortir d'une excavation souterraine où se rendaient les eaux de la voie publique un énorme globe enflammé qui prit sa course à la surface du sol et s'abattit sur cette tour dont une partie s'écroula. Aucune personne ne fut blessée. Une religieuse affirma avoir vu plusieurs années auparavant un météore absolument semblable à celui-ci sortir du même endroit et se précipiter bruyamment sur le sommet de cette même tour, sans causer aucun dégât.

Au milieu d'une horrible tempête, le docteur Gardons vit plusieurs boules de feu voltiger de tous côtés à une petite distance du sol, en faisant entendre un bruit de crépitation. Ces foudres sorties de terre, et dont l'une, au dire de plusieurs témoins, sortit d'une excavation remplie d'eau croupissante, tuèrent un homme, plusieurs animaux et endommagèrent des arbres et des maisons.

Autre exemple non moins curieux :

Au mois de février 1767, à Presbourg, une flamme bleue, conique, s'échappa à l'improviste et avec détonation d'un brasero, en brisant le récipient qui était de terre et éparpillant les charbons enflammés. Cette flamme électrique serpenta très rapidement dans la chambre, brûla le visage et les mains d'un enfant, s'échappa moitié par la fenêtre, moitié par une porte, brisa en mille pièces un autre brasero dans une chambre voisine, et sortit enfin par le tuyau de la cheminée, en jetant dans la rue des jambons attachés sous le manteau de cette cheminée. On sentit pendant quelques jours une odeur de soufre [1].

Parfois, la foudre globulaire descend du ciel puis remonte vers les hautes régions de l'atmosphère avant même d'avoir touché la terre. Ainsi par une chaude et orageuse journée d'été, en 1837, M. Hapouele, propriétaire dans le département de la Moselle, étant devant la porte de ses écuries abritée par un avant toit, vit une lumineuse boule de feu de la grosseur d'une orange se diriger vers un tas de fumier situé non loin de là. Mais, au lieu de pénétrer dans la mare de fumier comme on aurait pu le croire, cette sphère foudroyante s'arrêta à un mètre de distance, puis, changeant de route, elle prit une direction horizontale, parallèle au sol. Cette nouvelle voie ne lui convenant sans doute pas encore, elle l'abandonna bientôt pour diriger son vol vers les champs célestes qui lui avaient ouvert leur porte sur notre obscur séjour, et disparut dans les nuées.

Ces brusques changements de direction constituent aussi l'un des traits caractéristiques du tonnerre en boule.

Les brillantes voyageuses semblent attirées vers le sol par une curiosité invincible, mais un rapide coup d'œil suffit sans doute pour les désillusionner ; les splendeurs de nos cités, la luxuriance de nos campagnes paraissent leur inspirer une certaine défiance. Alors elles retournent dans leur patrie supé-

[1] Oxygène de l'air électrisé, *ozone*.

rieure, non sans avoir jeté la terreur parmi les habitants de notre planète.

C'est ainsi qu'on les voit planer à une certaine hauteur avant d'atteindre le sol, se poser sur les fils télégraphiques, glisser lentement le long des gouttières et, lors même qu'elles touchent terre, n'avancer qu'avec une apparente hésitation.

L'étincelante promeneuse semble se concerter sur le chemin à suivre. Va-t-elle se naturaliser « terrienne », renoncer aux routes aériennes, se soumettre au joug de notre planète ? Ou bien, agile messagère, reprendra-t-elle le chemin des cieux ?

Les observations suivantes vont nous le dire.

Le garde champêtre du village de Lalande de Libourne (Gironde), parcourait le pays, un soir, vers dix heures et demie, pour organiser une des gardes de surveillance, lorsqu'il se sentit tout à coup environné d'une clarté vive et pénétrante. Etonné, il se retourne et aperçoit une boule de feu qui, détachée d'un nuage, se précipitait sur la terre avec vitesse.

La lumière s'étant éclipsée, il eut la curiosité d'aller dans la direction du feu ; mais à peine avait-il fait deux cents pas qu'il se trouva en face d'une autre lumière ! Celle-ci partait de la cime d'un arbre et s'élevait en faisceau de rayons lumineux. On eût dit un soleil électrique, une gerbe de feu dont chaque épi laissait jaillir de vives étincelles.

Au bout de quinze minutes, le feu perdit de son intensité, puis s'évanouit complètement. On abattit l'arbre atteint, et l'on vit alors que la foudre, après avoir touché le sommet, en avait parcouru le centre sur une longueur de 3 mètres, puis, descendue extérieurement et arrivée au sol, elle avait décrit autour du tronc une demi-circonférence, était remontée ensuite du côté opposé jusqu'à une hauteur de 4 mètres, puis avait disparu, après avoir enlevé deux bandes d'écorce d'environ 10 centimètres de largeur,

Au pied de l'arbre, un petit trou de 4 centimètres de diamètre conserva un degré de chaleur très sensible pendant une heure et demie.

Souvent, les météores ne dépassent pas les frontières de leur domaine nuageux. On voit alors des boules incandescentes rouler dans les hautes régions de l'atmosphère et bondir d'un nuage sur un autre.

Le 22 septembre 1813, à sept heures du soir, M. Louis Ordinaire a vu, par un ciel très obscur, un globe de feu sortir d'un nuage au zénith, et se diriger vers un autre. Il était rouge jaunâtre, extrêmement brillant, et illuminait le sol d'une vive clarté.

On put l'observer pendant au moins une minute, puis on le vit disparaître dans l'autre nuage en roulant sur lui-même. L'explosion fut accompagnée d'un bruit sourd comme celui d'un coup de canon dans le lointain.

A la suite d'un violent orage éclaté le 1er mars 1774, près de Wakefield, il ne restait plus au ciel que deux nuages peu élevés au-dessus de l'horizon. Or, on voyait à chaque instant des billes enflammées, semblables aux pacifiques étoiles filantes, glisser du nuage supérieur sur le nuage inférieur.

Dans les montagnes, sur les cimes élevées des Alpes, on se trouve souvent au-dessus de l'orage. On peut alors contempler à loisir le spectacle grandiose du combat entre les éléments déchaînés. Des fleuves de feu serpentent dans les nuées épaisses et prennent souvent une forme arrondie, comme nous le prouve l'observation suivante racontée par le Père Lozeran du Fesch :

C'était le 2 septembre 1716, vers trois heures après midi.

Un voyageur descendait, avec un homme du pays, du haut du Cantal pour aller aux eaux de Vic.

Le temps était serein et très chaud, mais au-dessous d'eux, vers le milieu de la montagne, une vaste mer de brouillard s'étendait en ondes nuageuses.

Ces nuées étaient sillonnées de nombreux éclairs, les uns en zigzag, les autres en ligne droite, et un grand nombre en boule. Quand ils furent près des nuages, le brouillard était si épais que les deux voyageurs ne pouvaient plus distinguer la bride de leurs chevaux.

L'air devenait progressivement froid et la clarté diminuait à mesure qu'ils s'avançaient dans les nuages. Cependant, ils virent une quantité de corps globuleux qui voltigeaient en tous sens dans la nuit. Leur couleur était rougeâtre, semblable à celle du soufre allumé. Ils tournaient très rapidement autour de leurs centres.

On en voyait de toutes les grosseurs : les uns, tout petits au moment de leur apparition, augmentaient considérablement de volume en peu de temps. Lorsque ces boules passaient, il tombait des gouttes de pluie aux environs. Jusque-là, le spectacle avait été curieux mais non épouvantable. Mais tout à coup, les observateurs de ce phénomène étrange virent un de ces globules enflammés, qui avait environ deux pieds de diamètre, s'ouvrir tout près d'eux, et laisser couler une flamme vive et très belle dont les différentes parties se dirigèrent en tous sens. Aussitôt un bruit sec se fit entendre, auquel succéda une détonation épouvantable. Les deux voyageurs se sentirent secoués et commencèrent à humer un air infect. Mais après un instant d'effroi, ils reprirent leur route : le météore avait disparu sans laisser aucune trace de son passage.

Cependant, lorsque les boules lumineuses renoncent à leur domaine céleste et se laissent captiver par l'influence électrique du sol, elles agissent comme si le voisinage des hommes ne leur déplaisait pas.

Le 6 janvier 1850, aux environs de Meulan, à la

sortie d'Ecquevilly, et vers six heures du soir, un globe de feu tomba sur deux hommes qu'il enveloppa d'une lueur bleuâtre, sans manifester aucune odeur, sans attaquer leurs vêtements, mais en leur faisant ressentir simultanément une commotion analogue à celle qu'aurait produite une machine électrique. Le météore disparut sans laisser trace de son passage.

M. G.-M. Ryan rapporte un cas observé par lui à Karachi, dans le Sindh. Etant dans un salon avec deux amis qui s'abritaient de l'orage, il se leva, et alla ouvrir une porte (toutes les ouvertures étant fermées). En revenant, il vit une boule de feu en l'air, entre ses amis, ayant les dimensions de la pleine lune. Aussitôt un formidable coup de tonnerre éclata. Deux des spectateurs furent légèrement blessés : l'un éprouva une douleur aiguë du côté gauche de la face, l'autre une commotion dans un bras, avec l'impression que ses cheveux brûlaient ; une forte odeur de soufre [1] se dégagea. Dans la chambre voisine, se trouvaient deux carabines dans leur étui. L'une resta intacte, mais l'autre fut fracassée, et au point où la bouche s'accotait au mur, il y avait un trou dans celui-ci, et le même mur à l'étage supérieur était percé de deux trous.

Le dimanche 19 août 1900, plusieurs personnes étaient réunies dans un salon du château du baron de France, à Maintenay (Pas-de-Calais), au moment où un violent orage éclatait sur le pays.

Tout à coup, apparut, au milieu des onze personnes qui se trouvaient là, un globe de feu bleuâtre, gros comme une tête d'enfant, qui traversa assez lentement l'appartement, en effleurant quatre personnes

[1] Oxygène électrisé ou *ozone*.

sur son passage. Aucune d'elles ne fut blessée. Une explosion épouvantable retentit au moment où la boule électrique disparut par une porte ouverte devant la cage du grand escalier.

Le 3 août 1809, la foudre atteignit la maison de M. David Sutton, non loin de Newcastle, sur la Tyne. Huit personnes prenaient le thé dans le salon lorsqu'un violent coup de tonnerre fit ébouler la cheminée. Immédiatement après, on aperçut à terre, à la porte opposée à la cheminée, le brillant visiteur qui s'était fait annoncer par la voix sonore de Jupiter tonnant. Il se tenait discrètement à l'entrée du salon, attendant sans doute qu'on lui fît signe d'avancer. Aucune offre ne lui ayant été faite, il pénétra jusqu'au milieu du salon, et là, il éclata avec fracas en lançant de tous les côtés des gerbes enflammées comme des bolides.

Le spectacle devait être magnifique, mais, avouons-le, quelque peu inquiétant !

Le 27 septembre 1772, on vit à Besançon un globe de feu volumineux traverser un magasin à blé, et une salle d'hôpital remplie de nourrices et d'enfants. Cette fois encore, la foudre fut charitable : elle épargna femmes et bébés, et alla se noyer dans le Doubs.

Presque trente ans auparavant, en juillet 1744, elle avait eu les mêmes égards pour une brave paysanne allemande. Celle-ci était occupée dans la cuisine à surveiller le repas familial, lorsqu'après une terrible explosion de tonnerre, elle vit une boule de feu de la grosseur du poing descendre par la cheminée, passer entre ses pieds, sans lui faire aucun mal, et continuer sa route sans incendier, sans même renverser le rouet et les divers autres objets placés sur le plancher.

Effrayée, la jeune femme voulut s'enfuir, elle se précipita vers la porte et l'ouvrit, mais aussitôt, la boule de feu la suivit, frôla de nouveau ses pieds, pénétra dans une chambre voisine qui s'ouvrait au dehors, la traversa, franchit la porte et arriva dans la cour.

Elle poursuivit sa promenade à travers la cour, entra par une porte ouverte dans une grange, remonta le mur opposé, et, arrivée au bord du toit de chaume, elle éclata avec un bruit si terrible que la paysanne s'évanouit. Le feu prit promptement à la grange et la réduisit en cendres.

Vers le milieu du siècle dernier, le 3 mars 1835, le clocher de Crailsheim fut incendié par la foudre. La fille du gardien, âgée de vingt ans, était à ce moment dans sa chambre, et tournait le dos à la fenêtre, lorsque son jeune frère vit un globe fulminant entrer par le carreau de la croisée, descendre sur le dos de sa sœur, qui ressentit une vive secousse dans tout le corps. La jeune fille vit alors à ses pieds une masse de petites flammes, lesquelles se dirigèrent vers la cuisine dont la porte venait d'être ouverte, et y mirent le feu à un tas de bois couvert de mousse. Les dégâts se bornèrent à ce commencement d'incendie, d'ailleurs rapidement éteint.

Parfois, le tonnerre en boule semble prendre un malin plaisir à se jeter comme une furie sur les paratonnerres, mais au lieu de s'empaler tout bénévolement, comme la foudre linéaire, et de rendre son dernier soupir en un rugissement prolongé, elle lutte et sort parfois victorieuse de ce singulier combat.

Nombreux sont les cas où les globes de feu vont caresser les paratonnerres sans se laisser prendre au piège.

En 1777, une boule de feu s'élança des nuages sur la pointe du paratonnerre de l'Observatoire de Padoue. Le conducteur, consistant en une chaîne de fer, fut rompu à sa jonction avec la tige. Cependant, il transmit la décharge.

Quelques années plus tard, en 1792 la foudre, sous la forme d'une grosse balle, frappa l'un des deux paratonnerres élevés sur la maison de M. Haller à Villiers-la-Garenne. Ce paratonnerre fut fort maltraité par l'audacieuse assaillante, et il en fut de même de la charpente de la maison ; les gouttières en métal furent endommagées par le fluide subtil.

A cette époque, devons-nous ajouter, les paratonnerres étaient de création récente. Aussi, ne faut-il pas s'étonner qu'il y en ait eu dans le nombre de défectueux, insuffisants pour assurer une protection efficace.

Cependant, beaucoup plus tard, le 20 décembre 1845, le même phénomène a éte observé au château de Bortyvon, près de Vire. Là encore, la foudre globulaire, ignorante du danger auquel elle s'exposait, s'est précipitée sur un paratonnerre planté au centre du château. Elle fut épargnée; mais le château eut beaucoup à souffrir. La boule électrique descendit des deux côtés de la tige métallique, en causant de grands dégâts sur son passage. En touchant le sol, elle se dilata, et plusieurs personnes affirmèrent avoir vu comme un gros tonneau de feu se rouler sur la terre.

En vérité, la foudre en boule semble se soustraire dans une certaine mesure à l'influence des paratonnerres.

Le 4 septembre 1903, vers dix heures du soir, M. Laurence Rotch, directeur de l'Observatoire de

Blue-Hill (Etats-Unis), se trouvant à Paris, fit, du rond-point des Champs-Elysées, la curieuse observation que voici.

Tandis qu'il regardait dans la direction de la Tour Eiffel, il vit le sommet de l'édifice atteint par un éclair blanchâtre venant du zénith. Au même moment une boule de feu, moins éblouissante que l'éclair, descendit lentement du sommet à la deuxième plate-forme. Elle paraissait avoir un diamètre d'environ un mètre et être située à l'intérieur de la Tour, mettant à peu près deux secondes à parcourir une distance d'environ cent mètres. Alors elle disparut. Le lendemain, l'observateur constata par une visite à la Tour que celle-ci avait été en effet frappée par la foudre deux fois la veille.

Il est remarquable que le météore n'ait pas suivi le paratonnerre ; mais aussi, la Tour entière n'est-elle pas le plus puissant paratonnerre que l'on puisse imaginer ? les énormes masses de fer qui entrent dans sa construction n'annihilent-elles pas l'attraction des minces tiges métalliques utiles pour la protection des édifices ordinaires, mais incapables, semble-t-il, de lutter contre la force attractive de l'immense charpente métallique ?

Voici quelques cas où la foudre globulaire a échoué sur des clochers ou sur des fils télégraphiques qu'elle a suivis docilement.

Plusieurs fois, on l'a vue se poser comme un oiseau sur un fil télégraphique, à proximité d'une gare de chemin de fer, puis disparaître discrètement.

On voit qu'elle n'est pas absolument ennemie des pointes ni des métaux, mais elle aime l'indépendance, et bien fin celui qui la prendra dans ses rets.

C'est une anarchiste ! Elle n'admet aucune règle.

Mais, avouons-le, si la foudre sphéroïdale nous semble particulièrement capricieuse, c'est que nous ignorons encore les lois qui la dirigent ! Notre ignorance seule est cause du mystère.

On cherche à découvrir l'énigme dans le silence des laboratoires où les physiciens interrogent sans cesse la science, on cherche à reproduire artificiellement la foudre en boule ; mais le problème est compliqué, et sa solution présente d'énormes difficultés.

Jusqu'alors, on n'a guère pu sortir du domaine des hypothèses.

Elles ne manquent pas. Il y a quelques années, M. Stéphane Leduc a signalé une intéressante expérience produisant l'étincelle globulaire ambulante.

Lorsque deux pointes métalliques très fines et bien polies, en rapport chacune avec l'un des pôles d'une machine électro-statique, reposent perpendiculairement sur la face sensible d'une plaque photographique au gélatino-bromure d'argent placée sur une feuille métallique, les deux pointes étant à 5 ou 10 centimètres l'une de l'autre, il se produit une effluve autour de la pointe positive, tandis qu'à la pointe négative il se forme un globule lumineux.

Lorsque ce globule a atteint une grosseur suffisante, on le voit se détacher de la pointe, qui cesse complètement d'être lumineuse, se mettre en route, se déplacer lentement, sur la plaque, faire des détours, s'arrêter, puis repartir vers la pointe positive ; lorsqu'il arrive à celle-ci, l'effluve s'éteint, tout phénomène lumineux cesse, et la machine se désamorce comme si ses deux pôles étaient unis par un conducteur.

La vitesse avec laquelle le globe lumineux se déplace est très faible ; il met de une à quatre minutes pour parcourir la distance de 5 à 6 centimètres; parfois, avant d'atteindre la pointe positive, le petit globe éclate en deux ou plusieurs globules lumineux qui continuent individuellement leur route vers la pointe positive.

En développant la plaque, on y trouve tracée la route suivie par le globule, le lieu d'éclatement, les routes résultant de la division, l'effluve autour de la pointe positive; enfin, si l'on arrête l'expérience avant l'arrivée du globule à la pointe positive, la photographie ne donne la route que jusqu'au point d'arrêt.

Le globule semble rendre son trajet conducteur. Si, pendant son voyage, on projette une poudre sur la plaque, du soufre par exemple, le trajet suivi est marqué par une ligne de petites aigrettes présentant l'aspect d'un chapelet lumineux.

De tous les phénomènes électriques connus, celui-ci semble présenter le plus d'analogie avec la foudre globulaire. Les étincelles globulaires décrites par G. Planté (1878) et A. Righi (1896) s'en rapprochent moins.

Mais où la question se complique, c'est lorsque l'éclair en boule perd de sa fluidité, et devient un corps demi-solide, comme dans l'exemple suivant :

Le 24 avril 1887, un orage éclate sur Mortrée (Orne) et la foudre hache littéralement le fil télégraphique de la route d'Argentan, sur une longueur de 150 mètres; les morceaux en étaient tellement calcinés qu'ils semblaient avoir été soumis à un feu de forge; quelques-uns, les plus longs, étaient pliés, et leurs branches soudées entre elles. La foudre entra par la porte d'une étable, sous la forme d'une boule de feu, et arriva près d'une personne qui se préparait à traire une vache, puis *elle passa tranquillement entre les jambes de l'animal* et disparut sans causer aucun dégât. Mais la vache, épouvantée, se dressa tout debout en poussant des mugissements terribles, et son maître se sauva absolument affolé : il n'avait d'ailleurs aucun mal.

Phénomène absolument inexpliqué, au moment précis où la foudre traversait l'étable, des pierres incandescentes tombèrent en grande quantité devant une maison voisine. « Quelques-uns de ces fragments, gros comme des noix, écrivait à l'Académie le Ministre des Postes et Télégraphes, sont d'une matière très peu dense, d'un blanc grisâtre et qui s'écrase facilement sous le doigt, en dégageant une odeur de soufre bien caractérisée.

» Les autres, plus petits, ont tout à fait l'aspect du coke.

» Il n'est peut-être pas inutile de dire que, pendant cet orage, les coups de tonnerre n'étaient pas précédés des roulements habituels : ils éclataient brusquement comme des décharges de mousqueterie et se succédaient à de courts intervalles. La grêle est tombée en abondance, et la température était fort basse. »

Jusqu'à présent, on n'accueillait guère que par un sourire incrédule les relations des paysans qui prétendaient avoir vu tomber des aérolithes pendant les orages et qui donnent le nom de « pierres de tonnerre » aux uranolithes.

Ces substances n'ont évidemment aucun rapport avec les uranolithes, mais elles n'en prouvent pas moins que la matière pondérable peut accompagner la chute de la foudre.

Voici deux autres exemples :

Au mois d'août 1885, un orage éclata sur Sotteville (Seine-Inférieure); les éclairs sillonnèrent le ciel, le tonnerre gronda et la pluie tomba à torrents. Tout à coup, on vit tomber dans la rue Pierre-Corneille plusieurs petites boules de la grosseur d'un pois ordinaire qui, en touchant terre, brûlaient, laissant échapper une petite flamme violacée. On en compta plus d'une vingtaine, et l'un des spectateurs ayant voulu mettre le pied sur l'une d'elles, elle a de nouveau produit une flamme. Elles n'ont laissé aucune trace sur le sol.

Le 25 août 1880, à Paris, pendant un orage assez violent, M. A. Trécul, de l'Institut, vit en plein jour sortir d'un nuage sombre un corps volumineux, très brillant, légèrement jaune, presque blanc, de forme un peu allongée, ayant en apparence 0 m. 35 à 0 m. 40 de longueur, sur environ 0 m. 25 de largeur, avec les deux bouts brièvement atténués en cône.

Ce corps ne fut visible que pendant quelques instants; il disparut en paraissant rentrer dans le nuage, mais en se retirant, et c'est là surtout ce qui mérite d'être signalé, il abandonna une petite quantité de la substance, *qui tomba verticalement comme un corps lourd*, sous la seule influence de la pesanteur. Elle laissa derrière elle une traînée lumineuse, aux bords de laquelle étaient manifestes des étincelles, ou plutôt des globules rougeâtres, car leur lumière ne rayonnait pas. Près du corps tombant, la traînée lumineuse était à peu près en ligne droite (verticale), tandis que dans la partie supérieure elle devenait sinueuse. Le petit corps tombant se divisa pendant sa chute et s'éteignit bientôt après, lorsqu'il fut sur le point d'atteindre le haut de l'écran formé par les maisons. A son départ et au moment de sa division, aucun bruit ne fut perçu, bien que le nuage ne fût pas éloigné.

Ce fait dénote incontestablement dans le nuage la présence d'une *matière pondérable*, qui ne fut point projetée violemment par une explosion comme celle qui a lieu dans les bolides, ni accompagnée par une décharge électrique bruyante.

Nous sommes encore loin de résoudre l'intéressant problème de la formation et de la nature du tonnerre en boule.

Au lieu de la nier, les savants ont raison maintenant de l'étudier, car parmi les curiosités de l'électricité atmosphérique, la foudre globulaire est assurément une des plus remarquables.

Il faut commencer par constater exactement les faits : ils sont d'ailleurs assez extraordinaires pour captiver notre attention. Les théories viendront plus tard.

CHAPITRE V

EFFETS DE LA FOUDRE SUR L'HOMME

L'œuvre destructive de la foudre — sous toutes ses formes — est immense. Un monde formidable et invisible frôle la terre, monde féerique, mille fois plus merveilleux que toutes les créations fantastiques des légendes orientales, océan d'inconnu dont la présence immatérielle nous est constamment révélée par d'effroyables conflagrations électriques.

Aujourd'hui encore, l'éclatante lumière de l'éclair s'enveloppe pour nous dans les ténèbres d'un impénétrable mystère. Mais nous sentons qu'il y a là une puissance incommensurable, une force inimaginable qui nous domine.

Effectivement, nous sommes de faibles êtres en comparaison de cette force magique, et les anciens avaient été bien inspirés en imputant au roi des dieux la responsabilité des actes de la foudre. Lui seul, dans sa splendeur et dans sa souveraineté, pouvait exercer un tel empire sur notre modeste planète... et surtout sur l'imagination des hommes.

La science suit lentement les siècles dans leur marche ascendante vers le progrès. Dans l'état actuel de nos connaissances, notre rôle va se borner, comme pour la foudre en boule, à enregistrer les principaux faits de nature à contribuer à l'élucidation du problème.

En multipliant nos observations et en comparant entre eux les faits qui présentent une certaine analogie, nous pouvons espérer, sinon tirer une conclusion immédiate, apporter du moins notre contribution à la recherche des lois auxquelles est soumis le fluide subtil et impondérable.

Ici, il tue net un homme sans laisser trace de son passage. Là, il s'attaque seulement aux vêtements et s'insinue jusqu'à la peau sans même l'effleurer.

Il brûlera la doublure d'un vêtement et respectera l'étoffe extérieure. Ailleurs, il profite du trouble causé par l'éblouissement de l'éclair pour déshabiller entièrement une personne et la laisser nue, inanimée, mais sans lui faire la moindre blessure extérieure, pas même une égratignure.

Autant de faits, autant de singularités.

Certains actes de la foudre nous font penser aux contes fantastiques d'Hoffmann et d'Edgar Poe. Mais la nature est encore bien au-dessus de l'imagination de l'homme, et la foudre demeure souveraine dans sa fantasmagorie.

Le tonnerre paraît se jouer de l'ignorance des hommes : ses crimes, ses facéties auraient été autrefois attribués à un caractère diabolique.

Nous en subissons les effets sans pouvoir en déterminer la cause directrice.

Il semble que la foudre soit un être subtil qui tienne le milieu entre la force inconsciente qui vit dans les plantes et la force consciente qui vit dans les animaux : c'est comme un esprit élémentaire, fin, bizarre, malin ou stupide, clairvoyant ou aveugle, volontaire ou indifférent, passant d'un extrême à l'autre, et d'un caractère unique et effrayant. On la voit serpenter dans l'espace, se mouvoir parmi les hommes avec une adresse surprenante, paraître et disparaître avec la rapidité... de l'éclair... Impossible de définir sa nature...

Dans tous les cas, on serait mal inspiré de jouer avec elle. Ce serait courir de gros risques. Elle n'aime pas qu'on se mêle de ses affaires, et les imprudents qui s'aventurent trop loin dans son domaine sont généralement remis à leur place un peu trop cruellement.

C'est une indiscrétion de ce genre qui coûta la vie au physicien Richmann.

Il avait fait descendre du toit de sa maison dans son cabinet de physique une tige de fer isolée qui lui amenait l'électricité atmosphérique dont il mesurait chaque jour l'intensité. Le 6 août 1753, au milieu d'un violent orage, il se tenait à distance de la barre pour éviter les fortes étincelles, et attendait le moment de la mesurer, quand son graveur étant entré inopinément, Richmann fit vers lui quelques pas qui l'approchèrent trop du conducteur. Un globe de feu bleuâtre, gros comme le poing, vint le frapper au front et l'étendit raide mort.

C'était là le début des expériences de physique. Il n'était guère encourageant.

Les visites de la foudre sont si nombreuses qu'il nous serait naturellement impossible de les enregistrer toutes dans ce petit recueil de documents. Il faut donc nous résoudre à faire un choix ; mais ici se présente une grande difficulté : sur des milliers de tours de force ou d'adresse accomplis par la foudre, lesquels devons-nous accueillir favorablement, lesquels devons-nous exclure de notre cadre? La sélection est très difficile, car il s'agit d'éliminer un grand nombre d'exemples curieux, une quantité considérable d'observations toutes fort intéressantes.

Nous choisirons les plus importantes, celles dont l'authenticité paraît incontestable et auxquelles se rapportent les détails les plus précis. Nous grouperons entre eux les faits qui, par leurs formes et leurs caractères distinctifs, présentent certains points de ressemblance.

Cette classification approximative nous donnera un tableau assez complet pour l'ensemble de cette étude.

*
* *

De tous les actes de la foudre, l'un des plus étonnants est certainement de laisser la victime dans l'attitude même où la mort l'a surprise.

Cardan rapporte l'un des plus extraordinaires exemples de ce genre :

Au cours d'un violent orage, huit moissonneurs, prenant leur repas sous un chêne, furent frappés tous les huit par un même coup de foudre qui se fit entendre au loin. Lorsque les passants s'approchèrent pour voir ce qui était arrivé, les moissonneurs, *pétrifiés soudain par la mort, semblaient continuer leur paisible repas.* L'un tenait son verre, l'autre portait le pain à la bouche, un troisième avait la main dans le plat. La mort les avait tous saisis dans la position qu'ils occupaient lors de l'explosion du tonnerre.

On a recueilli de nombreuses observations analogues à celle-là.

Voici une jeune femme qui, sans doute, a été saisie par la foudre dans l'état où on l'a retrouvée après l'accident. C'était pendant un violent orage, le 16 juillet 1866. Elle était seule à la maison, à Saint-Romain-les-Atheux (Loire), et, au dehors, le tonnerre grondait effroyablement. Quand ses parents sont revenus des champs, un triste spectacle les attendait : la jeune femme avait été tuée par la foudre. On l'a trouvée dans un coin de la chambre, à genoux, et la tête cachée dans ses mains. Elle ne portait aucune trace de blessure. Son enfant, de quatre mois, qui était couché dans la chambre, n'a été que légèrement atteint.

Tout récemment, le 24 mai 1904, à Charolles (Saône-et Loire), une demoiselle Moreau, demeurant à Lesmes, attendait la fin de l'orage dans une épicerie où elle était allée faire des achats.

Plusieurs personnes étaient réunies autour de la cheminée. Elles ressentirent une forte commotion à la suite d'un violent coup de tonnerre.

L'émotion passée, chacun voulut partir ; seule mademoiselle Moreau, toujours assise, ne bougeait pas.

Elle avait été foudroyée ; le fluide avait fait un trou au-dessous de l'oreille droite et était ressorti par l'autre oreille !

L'action pétrifiante du fluide électrique est si rapide qu'on a vu des cavaliers foudroyés rester en selle et être emportés au galop de leurs chevaux loin du lieu de l'accident, sans être désarçonnés.

Vers la fin du dix-huitième siècle, d'après l'abbé Richard, le procureur du séminaire de Troyes revenait à cheval lorsqu'il fut frappé de la foudre. Un frère qui le suivait, ne s'en étant pas aperçu, crut qu'il s'était endormi, parce qu'il le voyait vaciller. Ayant essayé de le réveiller, il le trouva mort.

L'observation suivante est très remarquable en raison des attitudes spéciales conservées par les cadavres foudroyés.

Un navire qui se trouvait à Port-Mahon fut foudroyé au moment où l'équipage, ferlant les voiles, était dispersé sur toutes les vergues. Quinze matelots, épars sur le beaupré, furent tués ou brûlés en un clin d'œil ; quelques-uns furent précipités dans l'eau ; d'autres, courbés morts en travers des antennes, demeurèrent dans la position qu'ils avaient avant l'accident.

Assez souvent, on a trouvé des cadavres de foudroyés soit assis, soit debout.

A l'approche d'un orage, un vigneron s'était assis sous un noyer planté au bord d'une haie : un instant après, quand la pluie eut cessé de tomber et que le tonnerre se fut tu, ses deux sœurs qui s'étaient mises à l'abri sous la haie l'aperçurent assis et l'appelèrent pour retourner au travail, mais comme il ne répondait pas, elles s'approchèrent et le trouvèrent mort.

En 1853, la foudre ayant tué un prêtre aux environs d'Asti, pendant qu'il dînait, le mort resta en place.

On raconte qu'en 1698, un navire ayant été foudroyé vers quatre heures du matin, non loin de l'île de Saint-Pierre, quand le jour fut venu, on trouva sur l'avant un matelot, nommé Marin, assis raide mort, les yeux ouverts et tout le corps dans une attitude si naturelle qu'il paraissait être en vie. Il ne portait d'ailleurs, ni extérieurement, ni intérieurement, aucune lésion.

Le docteur Boudin rapporte un fait encore plus étonnant : Une femme ayant été foudroyée, au moment même où elle cueillait un coquelicot, on retrouva son cadavre debout, seulement un peu penché et tenant encore la fleur dans la main. Evidemment, on ne peut comprendre comment un cadavre humain reste debout, un peu penché, sans un appui pour empêcher sa chute... Ce cas est en contradiction avec les lois de l'équilibre... Mais avec un agent aussi fantastique que celui dont nous nous occupons actuellement, rien n'est surprenant, on peut s'attendre à tout. Ainsi :

Le 2 août 1862, la foudre tomba sur le paratonnerre du pavillon d'entrée de la caserne du Prince-Eugène, à Paris. Les soldats étaient en train de se coucher. Tous ceux qui l'étaient déjà se trouvèrent debout, tandis que ceux qui étaient levés furent couchés par terre.

Dans les exemples précédents, les morts foudroyés ne sont pas défigurés par l'action de la force fulgurante. Ils conservent une trompeuse apparence de vie. La catastrophe est si soudaine que le visage n'a pas le temps de prendre une expression douloureuse. Aucune contraction des muscles ne révèle une transition dans le passage de la vie à la mort. Les yeux et la bouche sont ouverts comme à l'état de veille, et si la couleur de la peau est respectée, l'illusion est complète. Mais lorsqu'on s'approche de ces statues de chair, naguère encore animées du feu vital, maintenant momifiées par le feu céleste, on est surpris, en les touchant, de les voir tomber en cendres.

Les vêtements sont intacts, le corps ne présente aucune altération, il garde l'attitude qu'il avait au moment suprême, mais il est entièrement brûlé, consumé.

Ainsi :

A Vic-sur-Aisne (Aisne), en 1838, au milieu d'un violent orage, trois soldats s'étaient mis à l abri sous un tilleul. La foudre éclate et les frappe de mort instantanée tous les trois et du même coup Cependant, tous trois restent debout, dans leur situation primitive, comme s'ils n'avaient pas été atteints par le fluide électrique : leurs vêtements sont intacts! Après l'orage, des passants les remarquent, leur parlent sans obtenir de réponse, s'approchent, les touchent, et *ils tombent en un monceau de cendres*, pulvérisés. (A. Poey.)

Ce fait n'est pas unique et déjà les anciens avaient remarqué que des foudroyés tombaient en poussière.

Voici une observation analogue, et non moins curieuse :

Le 13 juin 1893, à Rodez, un berger nommé Desmazes, voyant l'orage menacer, rassembla ses bêtes et les dirigea vite vers la ferme. Comme il y arrivait, il fut frappé par la foudre. Son corps, *complètement incinéré*, avait conservé une apparence naturelle.

C'est par cette incinération complète, et la volatilisation probable des cendres, que certains auteurs ont expliqué la disparition subite de quelques foudroyés.

La légende attribue la mort mystérieuse de Romulus à une cause semblable. L'illustre fondateur de Rome passait, dit Tite-Live, la revue de son armée dans une plaine près du marais de Capra. Soudain, un orage accompagné de violents coups de tonnerre enveloppe le roi d'un nuage si épais qu'il le dérobe à tous les regards. Dès ce moment, Romulus avait quitté la terre.

Il est vrai, ajoute Tite-Live, que quelques-uns des assistants soupçonnèrent les sénateurs de l'avoir mis en pièces : les rois ont été quelquefois soumis à ces sortes de surprises de la part de leurs « courtisans ».

Dans la majorité des cas, la matière électrique produit des brûlures plus ou moins profondes.

Celles-ci, lorsqu'elles n'attaquent pas l'organisme tout entier, comme dans les exemples précédents, sont *localisées* sur telles parties du corps. Parfois, elles sont toutes superficielles et ne s'attaquent qu'à l'épiderme. Souvent, en dehors de la carbonisation absolue, elles pénètrent profondément dans les chairs, et provoquent la mort, précédée d'atroces souffrances.

Voici quelques exemples dans lesquels on constate différentes sortes de brûlures :

En 1865, à Paris, rue Pigalle, une personne a eu *les yeux brûlés* par la foudre.

Un jeune soldat du 27e bataillon de chasseurs montait la garde au Col de Soda, l'arme au pied. C'était au mois de juillet 1900. Tout à coup, un éclair fulgurant l'enveloppe de son éblouissante lumière à laquelle succède, presque aussitôt, une épouvantable explosion de tonnerre.

La sentinelle, lâchant son arme, tombe à la renverse en poussant un cri déchirant. On accourt, et l'on constate que le fluide, attiré par la pointe de la baïonnette, avait frappé l'arme et, glissant le long du métal, avait *brûlé* assez profondément *les pieds* du jeune soldat.

A Malines, en Belgique, un moulin fut réduit en miettes par le feu du ciel. Le meunier et deux de ses clients s'y trouvaient au moment de l'accident. Aucun des trois hommes ne fut tué, mais le meunier fut grièvement *brûlé à la tête*, au menton et aux joues. Il resta sourd et aveugle pendant vingt-quatre heures. L'une des deux autres personnes avait des brûlures aux mains.

Le 19 juin 1903, vers six heures du soir, pendant un gros orage, cinq cultivateurs traversaient le champ de Gentillerie, près de Saint-Servan, pour se mettre à l'abri. Trois d'entre eux marchaient côte à côte ; les deux autres, dont l'un menait un âne par la bride, venaient quelques pas en arrière, lorsque soudain les cinq hommes et l'âne furent projetés à terre par un violent coup de tonnerre.

Trois des cultivateurs, reprenant leurs sens après la commotion, constatèrent que leurs deux compagnons venaient d'être foudroyés. L'un avait *la tête carbonisée*, et l'autre, le côté gauche *brûlé comme par un fer rouge.*

Autre phénomène, non moins atroce :

Une femme foudroyée eut la jambe si horriblement brûlée qu'en retirant le bas, des parcelles de peau restèrent adhérentes au tissu. A partir du genou jusqu'à l'extrémité du pied, la peau était noire, comme carbonisée, et toute la surface était parsemée d'espèces d'ampoules pleines d'un liquide séro-purulent. Les brûlures très graves, mais non mortelles, étaient localisées à la jambe.

La foudre produit aussi des blessures plus ou moins profondes ; elle perfore la chair et les os, et les lésions qu'elle occasionne sont parfois comparables à celles des armes à feu.

Elle peut aussi provoquer la paralysie partielle ou totale, la perte de la parole ou de la vue, momentanée ou définitive. Son action est multiple sur l'organisme humain...

Enfin, phénomène plus extraordinaire encore, certains foudroyés ne présentent pas la plus légère lésion à l'examen médical le plus minutieux. C'est ce que les anciens avaient déjà observé, comme on le voit dans ce charmant passage de Plutarque : « La foudre les a frappés de mort sans laisser sur eux aucune marque ni de coups, ni de blessure, ni de brûlure ; *leur âme s'en est enfuie de peur* hors de leur corps, comme l'oiseau qui s'envole de sa cage. »

Nous avons déjà parlé de l'odeur de l'air foudroyé et de l'ozone. Dans certains cas il y a plus que cela.

Le 29 juin 1895, à Moulins, au cours d'un violent orage, la foudre est tombée sur une maison basse.

Le fluide, au mode d'action toujours bizarre, s'est attaqué à la cheminée extérieure dont les briques ont été disjointes et projetées en partie. Sur le toit, bris de tuiles le long d'un chevron et, à l'intérieur, dans le grenier, un râteau en fer a eu son manche de bois brisé, éclaté. Au rez-de-chaussée, briques également disjointes et arrachées à l'endroit où le tuyau du poêle pénètre dans le mur de cheminée.

Une douzaine d'assiettes cassées dans un placard, à gauche du foyer. Une femme qui se trouvait là au moment du coup de foudre a eu, dit-elle, *les jambes échaudées* par un air brûlant qui s'échappait du placard. La pièce fut alors remplie d'une *fumée épaisse, infecte*, un vrai poison.

Quelquefois, les victimes à demi asphyxiées par

les effluves fulminiques ne doivent leur salut qu'aux soins empressés qui leur sont prodigués.

Très souvent, le corps et les vêtements des foudroyés dégagent une odeur nauséabonde, généralement comparée à celle du soufre enflammé.

Au mois d'août de l'année 1879, une femme a été foudroyée à Montoulieu, au quartier du Champ Descubert. Elle a eu le crâne perforé, comme par une grosse balle, et ses vêtements brûlés répandaient des émanations insupportables.

Le docteur Minonzio rapporte que trois personnes furent blessées par la foudre sur la frégate autrichienne la *Médée*. « Je me rappelle, dit-il, la sensation que faisait éprouver la puanteur qui s'exhalait du corps et des vêtements de ces foudroyés, dans le local où ils furent recueillis ; puanteur presque égale à celle du soufre qui aurait brûlé, mêlé aux exhalaisons d'une huile empyreumatique. »

Un des effets les plus fréquents et des plus bénins de la foudre sur l'homme, c'est de lui raser les cheveux ou la barbe, de les griller, et même d'épiler le corps entier.

En général, la victime s'en tire à très bon compte : elle laisse en otage à la foudre une poignée de cheveux et en est quitte pour la peur.

On cite même le cas d'une jeune fille de vingt ans qui, sans s'en apercevoir et sans ressentir la moindre secousse, aurait eu les cheveux coupés comme avec un rasoir.

Le 7 mai 1885, deux hommes qui se trouvaient dans un moulin à vent furent frappés par la foudre. Ils furent atteints de surdité, et les cheveux, la barbe et les sourcils de l'un d'eux furent brûlés. En outre, leurs vêtements s'effritaient au toucher.

Un homme qui était, paraît-il, fort velu, ayant été atteint par la foudre, près d'Aix, le courant électrique lui enleva les poils du corps par sillons, de la poitrine aux pieds, les roula en pelotes et les incrusta profondément dans le mollet. (SESTIER.)

Assez souvent, la lésion des poils, au lieu d'être étendue à tout le corps, se borne à certains endroits où ils sont plus serrés et plus humides, sur le corps de l'homme, et surtout sur celui de la femme. Voici quelques exemples, aussi curieux qu'indiscrets :

On lit dans le savant ouvrage du Dr Sestier, tome II, p. 45, le cas suivant observé à Montpellier :

Accidit apud Monspelienses ut fulmen cadens in domum vicarii generalis de Grassi, pudendum puellæ ancillæ pilos abraserit ut Bartassius in muliere sibi familiari olim factum fuisse.

Toaldo, Richard ont cité des faits analogues, et d'Hombres-Firmas en a recueilli plusieurs autres.

Un certain nombre de personnes étaient réunies au Mas-Lacoste, dans les environs de Nîmes, lorsque la foudre y pénétra. Une demoiselle de 26 ans fut renversée et perdit connaissance. Revenue à elle, elle pouvait à peine se soutenir et marcher, éprouvant de vives douleurs au milieu du corps. Lorsque, seule avec ses amies, celles-ci purent l'examiner, elles virent « non sine miratione, pudendum perustum, ruberrimum, labia tumefacta, pilos deficientes usque ad bulbum, punctosque nigros pro pilis, inde cutim rugosissimam ; ejus referunt amicæ, primum barbatissimam et hoc facto semper imberbem esse [1]. »

La foudre est vraiment bien... farceuse ; mais elle fut toujours ainsi dans tous les siècles.

[1] *Comptes rendus de l'Académie des Sciences*, t. IX.

J'ai là sous les yeux une petite brochure datée de 1656 [1], dans laquelle l'auteur rapporte force détails sur les actes merveilleux et diaboliques du tonnerre et, pour finir, nous transmet, en manière d'oraison, ces quatre vers un peu rabelaisiens :

Mes yeux jeunes ont veu mille fois une femme,
A qui du ciel tonnant la fantastique flamme
Pour tout mal ne fit rien que d'un razoir venteux
Dans moins d'un tourne main tondre le poil honteux.

Dans la plupart des cas les cheveux repoussent, mais parfois cependant le système pileux est complètement détruit, et la victime doit recourir à un habile perruquier si elle ne veut paraître chauve pour le reste de ses jours.

Nous avons déjà cité plus haut le cas du docteur Gaultier de Claubry, atteint un jour par la foudre globulaire, près de Blois, qui eut la barbe rasée et détruite pour toujours, car elle ne repoussa jamais. Une singulière maladie le mit à deux doigts de la mort : sa tête enfla au point d'atteindre un mètre et demi de circonférence !

On a vu aussi des cadavres de foudroyés ne présenter d'autre lésion qu'une épilation complète ou partielle.

Ainsi, une femme foudroyée sur une route eut les cheveux du sommet de la tête complètement arrachés.

Le 25 juillet 1900, un domestique de ferme, Pierre Roux, fut tué au moment où il chargeait une voiture de foin. La foudre n'avait laissé d'autre trace de

1 *Les étranges effets du tonnerre en la ville de Melun.*

son passage qu'en grillant absolument la barbe de sa victime.

Maintenant, voici un cas tout à fait opposé aux précédents et encore plus étrange, dans lequel la foudre capricieuse et fantasque s'est attaquée à l'épiderme sans brûler le poil qui le couvrait.

A Dampierre, le tonnerre est tombé sur la maison de M. Saunois. Celui-ci a eu un bras, une jambe, et le côté gauche du corps brûlés, et, chose extraordinaire, la peau du bras a été brûlée sous le poil resté intact.

Un peu plus loin, nous verrons des coups de foudre salutaires en certains cas de maladie.

En général, les foudroyés tombent instantanément et sans se débattre

Il est démontré aujourd'hui par un grand nombre d'observations que l'homme atteint par l'éclair de manière à perdre à l'instant même connaissance tombe sans avoir rien vu, rien entendu, rien senti. Cela s'explique facilement, puisque l'électricité est animée d'un mouvement beaucoup plus rapide que la lumière, et surtout que le son. L'œil et l'oreille sont paralysés avant que l'éclair et le tonnerre aient pu faire impression sur eux, de sorte que, quand les foudroyés reprennent connaissance, ils ne peuvent s'expliquer l'accident dont ils viennent d'être victimes.

Presque toujours, les personnes atteintes par l'éclair s'affaissent *à l'endroit même où elles ont été frappées*. D'ailleurs nous avons déjà noté quelques cas de foudroyés ayant conservé exactement la position qu'ils avaient au moment de la catastrophe.

Mais, par contre, nous pouvons citer certains exemples, plus rares, *diamétralement contraires.*

Le 8 juillet 1839, la foudre atteignit un chêne près de Triel (Seine-et-Oise) et frappa deux ouvriers carriers, le père et le fils. Celui-ci fut tué raide, soulevé et *transporté à vingt-trois mètres* de distance.

Le chirurgien Brillouet, surpris par un orage, près de Chantilly, fut enlevé par la foudre et emporté comme une masse dans l'air pour être posé *à vingt-cinq pas* de l'endroit où il s'était mis.

Le 18 août 1884, à Namur (Belgique), un homme a été projeté à dix mètres de l'arbre sous lequel il avait été frappé par la foudre.

Les journaux du mois d'août 1900 publiaient la note suivante :

Brousses-et-Villaret (Aude). *20 août.* — Pendant l'orage qui a éclaté sur la région, la foudre a tué deux vaches appartenant à M. Bouchère. La foudre a également frappé, mais sans le blesser, un jeune homme de 23 ans, Bernard Robert, artilleur en congé, qui se rendant à pied à une métairie voisine, s'est vu subitement transporté dans les airs durant une cinquantaine de mètres. Il s'est relevé sans aucun mal, seulement ébloui par l'éclair fulgurant qu'il avait eu devant ses yeux.

Ayant écrit à la victime pour m'assurer du fait, j'ai reçu la réponse que voici :

J'ai l'honneur de vous informer que l'article relatant l'incident qui m'est arrivé au sujet de la foudre, le 17, est la pure vérité.

J'étais en permission à Brousses, canton de Saissac (Aude) ; je sortais de la maison de mon oncle, vers 8 heures du soir. Il venait de faire un grand orage ; depuis deux ou trois minutes, la pluie avait presque cessé, mais il en tombait encore un peu. Pendant l'orage, il avait beaucoup tonné. J'allais chez moi, pour me coucher, la maison étant à deux cents mètres. Le temps était très obscur, et voyant que la pluie allait retomber avec violence, je me mis à courir.

J'allais très vite. Je traversais la place. En arrivant en face la maison de M. Combes, je me suis senti arrêté tout à coup, et sans pouvoir m'expliquer comment, je me suis trouvé au même instant de l'autre côté de la place, couché par terre, contre le mur de la maison de M. Maistre. J'étais étourdi. J'ai attendu un bon moment sans savoir où j'étais. En arrivant chez moi, j'ai senti une grande douleur au genou droit, et je me suis aperçu que j'avais le pantalon déchiré, et une forte cicatrice au genou, avec les mains un peu écorchées. C'est contre le mur dont quelques pierres sortent que j'ai dû le faire. J'ai bien été transporté à cinquante mètres, et je ne peux pas vous dire s'il a tonné au même moment, mais il n'y avait pas une minute qu'il avait fait un grand coup. Deux personnes qui sortaient de la maison de M. Combes ont vu le fait. Au même moment, la foudre est entrée dans l'étable de M. Bouchère, située à deux cents mètres de là, a tué deux vaches, et cassé une cuisse à une autre. Elle est entrée en brisant en deux le couvercle du portail qui était en pierre de taille, et a renversé une chaise et sept à huit bouteilles qui étaient sur une étagère.

Daignez agréer, etc.

Bernard Robert,

Artilleur au fort saint Nicolas (Marseille).

Ainsi, voilà plusieurs exemples de foudroyés emportés à vingt, trente et cinquante mètres du point où la foudre les a frappés.

Parfois, le corps des foudroyés est raide comme du fer et conserve sa raideur.

Le 30 juin 1854, un charretier de trente-cinq ans fut foudroyé à Paris. Le lendemain, le docteur Sestier vit son cadavre à la Morgue : il était raide et pouvait être mu tout d'une pièce ; le lendemain, quarante-quatre heures après la mort, cette raideur était encore des plus marquées.

Il y a quelques années, la foudre frappa, dans la commune d'Hectomare (Eure), un nommé Delabarre qui tenait un morceau de pain à la main. La contractilité des nerfs était si forte qu'il n'a pas été possible de le lui arracher.

Très souvent, au contraire, le corps des foudroyés reste flexible après la mort comme pendant la vie.

Le 17 septembre 1780, un violent orage éclata sur East-Burn (Grande-Bretagne). Un cocher et un valet de pied y furent tués. « Quoique les corps restassent sans être ensevelis du dimanche au mardi, dit l'observateur, tous leurs membres étaient aussi flexibles que ceux des personnes vivantes » (SESTIER.)

Parfois, le cadavre des foudroyés s'amollit et se décompose rapidement au milieu d'une odeur insoutenable.

Le 15 juin 1794, la foudre tua une dame dans une salle de bal à Fribourg. Le cadavre exhala rapidement une odeur de putréfaction singulière. Le médecin put à peine l'examiner sans danger de s'évanouir. Les habitants de la maison furent obligés de s'en aller trente-six heures après la mort, tant l'odeur était pénétrante. C'est à peine si l'on put mettre le fétide cadavre dans le cercueil : il tombait par morceaux.

La flaccidité, souvent observée sur les corps foudroyés, est due sans doute à ce que, dans les cas d'énormes décharges, la raideur cadavérique se développe si vite et est de si courte durée qu'elle peut échapper à l'observation.

De nombreuses expériences faites sur les animaux justifient cette hypothèse.

D'ailleurs, dans la majorité des cas, les foudroyés se décomposent rapidement, ce qui explique tout naturellement la mollesse des tissus des corps tués par la foudre.

La coloration des foudroyés présente de nombreuses variétés. Parfois, la face a la pâleur cadavérique ; quelquefois, elle conserve sa couleur naturelle.

En de nombreux cas, on a vu le visage des foudroyés livide. rouge, violacé, violet bronzé, noir, jaune, ou bien encore parsemé de taches brunes ou bleues.

La coloration de la figure peut s'étendre à tout ou à presque tout le corps.

Les huit moissonneurs tués sous un chêne, et cités par Cardan, dans notre premier exemple, étaient tout à fait noirs.

Que le fluide subtil accumulé en grandes masses dans les nuages tue un homme, le prive de mouvement, anéantisse ses facultés, ou le blesse légèrement, cela ne doit pas nous étonner, quand nous contemplons les merveilleux résultats et les prodiges de force accomplis par l'électricité, incomparablement plus faible, de nos laboratoires.

Mais ce qu'il y a de plus extraordinaire dans la foudre, c'est sa variété d'action. Pourquoi ne tue-t-elle pas invariablement ceux qu'elle frappe, et pourquoi même, fort souvent, ne les blesse-t-elle même pas du tout ?

Il y a là tout un monde de subtilités inexplicables.

On connaît de nombreux exemples de foudroyés dont les vêtements sont restés absolument intacts. Le fluide impondérable s'insinue à travers les vêtements, sans laisser trace de son passage, et peut causer de graves désordres dans le corps de l'homme, sans qu'aucune marque extérieure les révèle à l'observation la plus perspicace.

On cite le cas d'un homme dont presque tout le côté droit fut brûlé depuis le bras jusqu'au pied, comme s'il eût été exposé longtemps sur un brasier ardent, sans que sa chemise, son caleçon et le reste de ses habits fussent aucunement endommagés par le feu.

L'abbé Pinel rapporte qu'un homme eut entre autres lésions le pied droit très profondément déchiré, le pied gauche n'ayant pas été atteint. Or, le sabot droit ne fut point endommagé, tandis que le gauche fut brisé.

Le 10 juin 1895, à Bellenghise, près Saint-Quentin. une dame a été tuée sous un arbre : elle portait de fortes traces de brûlures à la poitrine et au ventre, et pourtant ses vêtements étaient restés intacts. La foudre est une grande mystificatrice !

Th. Neale cite un cas où des mains auraient été brûlées jusqu'aux os *dans les gants restés intacts !*

D'autres fois, les vêtements, même les plus rapprochés du corps, sont troués, brûlés, déchirés, sans que la surface de la peau soit lésée.

Ainsi, la botte d'un foudroyé avait été tellement lacérée qu'elle était réduite en charpie, et pourtant, aucune trace de blessure n'apparaissait sur le pied.

Un fait inouï de ce genre s'est produit à Vabréas (Vaucluse), au mois de juillet 1873. Un paysan se trouvait dans les champs, lorsqu'un violent coup de tonnerre éclate. Le fluide électrique l'atteint à la tête, lui brûle complètement son chapeau et *lui rase les cheveux du côté gauche* de la tête. Puis, continuant sa route, la foudre lacère ses vêtements, pénètre le long des jambes en déchirant le pantalon de haut en bas. Enfin, elle transporte le malheureux homme presque nu à six ou sept mètres de sa place primitive et le couche à plat ventre sur un buisson, la tête inclinée au bord d'une rivière.

Parfois, tandis que les vêtements sont gravement endommagés, on trouve sur la peau des lésions légères et très peu étendues qui ne correspondent pas toujours aux parties où le vêtement est le plus sérieusement endommagé.

Un homme, cité par Lichtenberg, eut ses habits coupés comme par la pointe d'un couteau depuis l'épaule jusqu'aux pieds, sans présenter aucune blessure, à l'exception d'une petite plaie au pied, sous la boucle du soulier.

D'après Howard, un homme eut ses habits déchirés en *atomes* sans présenter à la surface du corps aucune trace de l'action du fluide électrique, à l'exception d'une légère marque au front.

Parfois, comme nous le disions plus haut, les vêtements intérieurs sont brûlés tandis que les vêtements extérieurs sont respectés.

Une femme, dont la robe et les jupons avaient été épargnés, eut *sa chemise roussie* par le feu du ciel.

En d'autres cas, plus fantastiques encore, *la doublure seule* du vêtement est brûlée, et l'étoffe extérieure est épargnée.

Le 14 juin 1774, la foudre tomba à Poitiers dans une cour où travaillait un jeune tonnelier, entra sous son pied droit en brûlant son soulier, passa entre son bas et sa jambe, roussit le bas sans blesser la jambe, brûla la doublure de sa culotte, enleva l'épiderme du bas-ventre, arracha un bouton de cuivre qui fermait son vêtement, et s'élança pour aller faire pirouetter un menuisier dans une allée voisine. Ni l'un ni l'autre ne se ressentirent de ce coup de foudre.

Enfin, les vêtements, les souliers surtout, sont décousus soigneusement et sans déchirure, comme si ce travail avait été fait à la main par un ouvrier habile.

Voici deux cas entre mille :

Le 18 juin 1872, à la Grange-Forestière, près du Petit-Creusot, le pantalon d'un foudroyé a été décousu du haut en bas sur les quatre coutures, et les chaussures enlevées.

Dans le département d'Eure et-Loir, des paysans étaient occupés à lier des gerbes, et leur fille, âgée de neuf ans, jouait auprès d'eux, quand l'orage arriva avec grand fracas.

— Rentrons, j'ai peur! s'écria-t-elle en courant se réfugier entre ses parents.

— Nous allons rentrer tout à l'heure. Mais il faut que nous finissions de botteler avant la pluie.

— Eh bien ! je vais prier le bon Dieu d'éloigner de nous le tonnerre.

— C'est cela.

Et, pendant que le père et la mère continuaient leur travail, l'enfant se mettait à genoux dans le sillon, et, les mains sur les yeux, commençait sa prière.

Tout à coup, sans rien voir ni entendre, le père sentit la paille remuer sous ses pieds; il se retourna machinalement et poussa un grand cri en voyant sa fille étendue contre terre et immobile. Elle était morte. *Son petit corset était décousu* et sa chemise brûlée.

Mais, de tous les actes fantastiques de la foudre, le plus extraordinaire et le plus incompréhensible est cette manie qu'elle a de déshabiller ses victimes et de les laisser mortes ou évanouies dans le primitif costume de nos premiers parents... ou dans une tenue trop simple pour être admise par les bonnes mœurs de notre civilisation.

Cette déplorable habitude, absolument inexplicable, a valu à la foudre un volumineux dossier... scientifique, dont nous avons déjà cité des exemples au chapitre premier et dont nous allons encore extraire quelques fragments :

Près d'Angers, le 12 mai 1901, un garçon de ferme nommé Rousteau, âgé de vingt-trois ans, a été tué par la foudre au milieu des champs. Le cadavre a été trouvé presque nu.

Le 29 juin 1869, à Pradettes (Ariège), le maire a la malheureuse idée de s'abriter sous un peuplier très élevé. La foudre éclate quelques moments après, fend l'arbre et foudroie l'individu. Par une de ses fantaisies diaboliques, *elle le déshabille entièrement* et jette autour de lui ses divers vêtements, réduits en lambeaux, *à l'exception d'un soulier seulement.*

Au mois de juin 1903, à Saint-Laurent-la-Gâtine, le tonnerre est tombé sur M. Fromentin, au moment où il labourait avec une charrue attelée de trois chevaux. La foudre a tué le cheval de tête, et déshabillé entièrement M. Fromentin après lui avoir brûlé son chapeau.

Le même jour, à Limoges, un domestique de ferme, nommé Barcelot, fut foudroyé, sous un chêne. Son cadavre fut trouvé *complètement nu.*

Il portait au côté gauche une profonde blessure.

Le 20 août de la même année, un violent orage éclate sur l'île de Ré. Un cultivateur qui se rendait à la gare du Finaud fut foudroyé à cinquante mètres de son habitation. La foudre lui arracha ses vêtements.

En 1894, le garde champêtre de la commune de Saint-Cyr-en-Val, dans les environs d'Orléans, a été foudroyé au cours de sa tournée. Le fluide l'a dépouillé de ses habits, et a arraché tous les clous de l'un de ses souliers.

Le 2 juillet 1903, au cours d'un violent orage dans les environs de Nice, à Aséras, et tandis qu'il tombait des grêlons du poids de 350 grammes, une dame Blanc voulut aller à la rencontre d'un domestique qui était aux champs. Elle venait à peine de faire quelques pas quand la foudre l'atteignit et *la déshabilla entièrement*. Son corps ne portait aucune blessure, mais la pauvre femme devint muette.

Que de bizarreries! Quelle fantaisie!

Impossible d'assigner aucune règle à la marche capricieuse du fluide électrique.

Comment expliquer des faits de la nature du suivant?

Un soir d'avril, vers six heures, dans les environs d'Ajaccio, un paysan nommé J.-B. Pantaloni quittait les champs et se hâtait de rentrer chez lui pour fuir l'orage. A peine venait-il d'atteindre sa maison qu'elle fut incendiée par une décharge électrique. Le malheureux homme fut tué raide et entièrement carbonisé.

Au même moment, ses deux fils et sa fille, qui se trouvaient dans la même chambre, furent *complètement déshabillés*, et leurs vêtements disparurent. Ces dernières victimes n'eurent d'ailleurs aucun mal.

Quelle définition donner de ces phénomènes inouïs? Sans invoquer la sorcellerie, ne s'avoue-t-on pas presque vaincu par tant d'adresse et de si habiles subterfuges?

Très souvent, les vêtements déchirés, lacérés, sont transportés au loin.

Le 1er octobre 1868, sept personnes s'étaient mises à l'abri pendant un orage sous un énorme hêtre, près du village de Bonello dans la commune de Perret (Côtes-du-Nord), lorsque tout à coup, la foudre vint à éclater sur cet arbre et tua net l'une d'entre elles. Les six autres personnes ont été terrassées sans être grièvement blessées. Les vêtements de la foudroyée ont été mis en lambeaux très petits; plusieurs de ceux-ci ont été retrouvés *accrochés aux branches de l'arbre.*

Un jour, un ouvrier, abrité sous l'auvent d'un kiosque occupé par cinq hommes jouant aux cartes, est effleuré par la foudre. Le fluide, après avoir passé entre les joueurs sans leur faire aucun mal, sort du kiosque et va *arracher le soulier* du pauvre ouvrier, pétrifié d'effroi. Vainement on chercha la chaussure subtilisée par la matière fulminante : elle demeura introuvable.

D'ailleurs, la foudre semble avoir une grande prédilection pour les chaussures. Rarement elle les respecte, même quand elle épargne le reste des vêtements ; sabots, souliers et même bottes et bottines sont arrachés, décousus, décloués, mis en pièces, lancés au loin avec une violence inouïe. Bien souvent, la décharge pénètre dans le corps humain par la tête et en sort par les pieds

Au cours d'un violent orage (8 juin 1868), un ouvrier passait dans le voisinage du Jardin des Plantes lorsqu'il ressentit une vive oppression à l'estomac. Renversé brusquement par une force irrésistible, il fut privé au moment de sa chute de l'usage de ses sens. On le ramassa, on le ramena chez lui et on l'examina : son corps ne portait aucune trace de blessure. Il en fut quitte pour la peur. Mais, au bout de quelques jours, quand il fut tout à fait remis de la commotion, il se souvint qu'il portait des bottes au moment de l'accident. Or, celles-ci avaient disparu. La foudre les lui avait volées, bien qu'ayant agi à distance. Les bottes furent retrouvées dans la rue, et les semelles étaient complètement déclouées, *quoique les clous fussent à vis et les bottes presque neuves.*

Le 31 mai 1904, à Villemontoire (Aisne), un ouvrier fut tué sur une meule de foin ; ses habits ont été complètement mis en pièces, et on n'a pas retrouvé trace de ses souliers. Deux autres ouvriers ont été blessés. La meule a été incendiée.

Le 11 mai 1893, la foudre s'abat sur la commune de la Chapelle-en-Blézy (Haute-Marne). Un jeune berger gardait son troupeau, dans les champs. Brusquement, il est renversé par le fluide et perd connaissance. Quand il revient à lui, il constate avec stupeur que *ses sabots et sa casquette ont disparu.*

Arago rapporte qu'un ouvrier ayant été foudroyé sous un pavillon, les morceaux de son chapeau furent trouvés incrustés au plafond.

Biot signale le cas d'un chapeau lancé à dix pas sans qu'il y eût un souffle de vent.

Nous pourrions multiplier ces observations si curieuses, mais il faut nous restreindre pour rester dans le cadre de ce petit livre. Ne disais-je pas tout à l'heure que la foudre avait parfois — très rarement d'ailleurs — exercé une influence bienfaisante sur les malades qu'elle frappe ?

Oui, on connaît plusieurs cas où le tonnerre s'est montré rival des plus nobles disciples d'Esculape, et où il a opéré de vrais miracles. Ainsi, une personne paralysée depuis trente-huit ans retrouva subitement, à l'âge de quarante-quatre ans, et à la suite d'un coup de foudre, l'usage de ses jambes,

Un paralytique prenait depuis vingt ans les eaux curatives de Tumbridge lorsque l'étincelle le toucha et le guérit de sa terrible infirmité.

La foudre a quelquefois fait merveille sur des personnes aveugles, sourdes ou muettes, auxquelles elle a rendu la vue, l'ouïe et la parole.

Un homme, paralysé de tout le côté gauche depuis son enfance, fut foudroyé dans sa chambre le 10 août 1807. Il perdit connaissance pendant vingt minutes, mais au bout de quelques jours, il retrouva graduellement et pour toujours l'usage de ses membres. Une faiblesse de l'œil gauche disparut également, le malade put écrire sans lunettes. Par contre, il fut atteint de surdité.

Enfin, s'il faut en croire certaines relations, qui paraissent authentiques, un rhume, une tumeur et des rhumatismes furent guéris par la foudre. Nous en avons cité un exemple dans la mosaïque de notre premier chapitre.

On ne peut s'expliquer de quelle façon le fluide subtil accomplit ces guérisons admirables.

Faut-il les attribuer à l'émotion, à un bouleversement général, qui ramène la circulation à son cours normal, ou bien faut-il accorder à la substance électrique, encore bien inconnue des physiciens et des physiologistes, une action propre capable de triompher des maux les plus enracinés ?

La thérapeutique fait déjà un excellent usage de l'électricité des machines. Faut-il donc nous étonner outre mesure que la foudre rivalise avec nos faibles ressources électriques ? Non. Combien de services ne rendrait-elle pas sans sa folle indépendance ? Que de forces perdues dans la lueur d'un éclair !

Actuellement, nous n'avons aucune dette de reconnaissance à acquitter envers la foudre. Combien de misères pour quelques heureux résultats! La balance est vraiment trop inégale.

Certains coups de foudre ont été de véritables désastres par le nombre des victimes et les dégâts qu'ils ont causés.

Les plus extraordinaires à ce point de vue sont les suivants :

Un jour de solennité, la foudre pénétra dans une église près de Carpentras : *cinquante* personnes furent tuées ou blessées, ou rendues stupides. (FORT. LINTILIUS.)

Le 2 juillet 1717, la foudre frappa une église à Seidenberg, près de Zittau, pendant le service : *quarante-huit* personnes furent tuées ou blessées. (REIMARUS.)

Le 26 juin 1783, la foudre tomba sur l'église de Villars-le-Terroy, dont on sonnait les cloches, tua *onze* personnes et en blessa *treize*. (VERDEIL.)

A bord du sloop le *Sapho*, en février 1820, *six* hommes furent tués d'un coup de foudre et *quatorze* gravement blessés. (SESTIER.)

A bord du navire le *Repulse*, vers les côtes de Catalogne, le 13 avril 1813, la foudre tua *huit* hommes dans les agrès et en blessa gravement *neuf* dont plusieurs succombèrent. (SESTIER.)

Le 11 juillet 1857, trois cents personnes étaient réunies dans l'église de Grosshad, petit village à deux lieues de Düren, quand la foudre vint la frapper. *Cent* personnes furent blessées, dont *trente* grièvement *Six* furent tuées, et c'étaient six hommes vigoureux. (FOLLIN.)

Dans les premiers jours de juillet 1865, la foudre

est tombée sur le territoire de Coray (Finistère), dans une garenne où seize personnes étaient occupées à l'écobuage. *Six hommes et un enfant* ont été tués du même coup, et trois autres grièvement blessés. Plusieurs ont été complètement mis à nu, leurs vêtements étaient dispersés en lambeaux sur le sol ; leurs chaussures étaient hachées et brisées en tous sens. Remarque non moins curieuse, les travailleurs ont été atteints à cent mètres de distance les uns des autres.

Le 12 juillet 1887, à Mount-Pleasant (Tennessee, Etats-Unis), la foudre a tué *neuf* personnes qui pendant un orage s'étaient réfugiées sous un chêne. Ces personnes faisaient partie d'un cortège qui conduisait une négresse à sa dernière demeure.

Voici un autre fait bien singulier et bien complexe.

Le dernier dimanche de juin 1867, pendant les vêpres, la foudre est tombée sur l'église de Dancé, canton de Saint-Germain-Laval (Loire). Au bruit de l'explosion a succédé un silence de mort, puis un cri se fait entendre et cent autres sont poussés.

Le curé, qui croyait avoir reçu à lui seul toute la décharge électrique, ne sentant pourtant aucune douleur, quitta sa place où l'enveloppait un nuage de poussière et de fumée, et, de la table de communion, il parla à ses paroissiens pour les rassurer : « Ce n'est rien, dit-il, gardez vos places, il n'y a point de mal. »

Il se trompait. Vingt-cinq ou trente personnes étaient plus ou moins atteintes ; quatre ont été emportées sans connaissance ; mais le plus maltraité de tous était le trésorier de la fabrique. En le relevant, on a vu ses yeux ouverts, mais ternes et voilés ; il ne donnait plus aucun signe de vie. Les vêtements étaient brûlés ; *les souliers, lacérés, pleins de sang, lui avaient été enlevés des pieds.* L'ostensoir exposé dans la niche avait été jeté à terre.

Il était bossué, percé au pied, et *l'hostie avait disparu*. Le prêtre la chercha longtemps et finit par la trouver sur l'autel, au milieu du corporal, sous une couche épaisse de gravois.

Trois ou quatre mètres de la boiserie du chœur avaient volé en éclats. Au dehors, la flèche du clocher a été dénudée ; ses ardoises se ramassaient dans les champs voisins.

Le 22 juin 1902, la foudre est tombée sur l'église de Pineiro (province d'Orense, en Espagne), pendant la cérémonie d'un enterrement. Il y a eu *vingt-cinq* morts et *trente-cinq* personnes grièvement blessées.

Ce sont là des cas de destruction en grand par le terrible fluide. Et, à côté, nous pouvons mettre en parallèle ceux où il paraît s'amuser.

En effet, quelques personnes semblent jouir du privilège d'attirer particulièrement la foudre et de recevoir fréquemment sa visite sans souffrir beaucoup de ses attaques réitérées.

On dit que Mithridate fut touché deux fois par la foudre ; lors de sa première atteinte, il était encore au berceau ; ses langes flambèrent e la cicatrice de la brûlure qu'il reçut au front se trouva plus tard couverte par les cheveux.

Au rapport de l'abbé Richard, une dame qui habitait en Bourgogne un château, dans une situation élevée, vit plusieurs fois la foudre pénétrer dans son appartement, s'y diviser en étincelles de différentes grandeurs, dont la plupart s'attachaient à ses habits sans les brûler et laissaient des traces livides sur ses bras et même sur ses cuisses. Elle disait à ce sujet que le tonnerre ne lui avait jamais fait d'autre mal que de la fouetter deux ou trois fois, bien qu'il tombât assez souvent sur son château.

On a assez souvent observé une sorte d'immunité relative des femmes et des enfants. Ceux-ci sont rarement frappés. On connaît même plusieurs exemples où des enfants seraient demeurés sains et saufs dans les bras de leur mère foudroyée.

La mère de Fracastor tenait son enfant sur son sein, lorsqu'elle fut tuée par la foudre ; l'enfant fut épargné. (BERGMAN).

En août 1853, à Georgetown (comté d'Essex), Mme Rüssel, femme du ministre protestant, fut tuée par la foudre, tandis qu'un petit enfant qu'elle portait dans les bras ne reçut aucune blessure.

Il semble que la foudre ait pitié des faibles, des femmes et des enfants.

On connaît certains cas où des personnes ont été atteintes plusieurs fois pendant le même orage, sans succomber à ces foudroiements multiples.

« Dans deux situations toutes pareilles, dit Arago, tel homme, *par la nature de sa constitution*, court plus de danger que tel autre. Il existe des personnes qui arrêtent brusquement la communication de l'électricité et ne ressentent pas la secousse lors même qu'elles occupent la seconde place de la pile. Ces personnes, par exception, ne sont pas conductrices de la matière fulminante. Par exception, il faut les ranger parmi les corps non conducteurs que la foudre respecte, ou qu'elle frappe du moins rarement. Des différences aussi tranchées ne peuvent pas exister sans qu'il y ait également des nuances. Or, chaque degré de conductibilité correspond, en temps d'orage, à une certaine mesure de danger L'homme conducteur comme le métal sera aussi souvent foudroyé que le métal ; l'homme qui interrompt la communication dans la chaîne n'aura guère plus à craindre que s'il était de verre, de résine. Entre ces limites, il se trouvera des individus que la foudre frappera à l'égal du bois, des pierres, etc... Ainsi, dans les phénomènes du tonnerre, tout ne gît pas dans la place qu'un homme occupe : la constitution physique de cet homme joue aussi un certain rôle. »

Les fantasmagories de la foudre nous laissent perplexes. Toutes ces observations sont extraordinaires et bien déconcertantes. Les faits se contredisent les uns les autres, et ne nous permettent actuellement aucune conclusion.

La *Gazette de Cologne* rapportait le fait suivant en juin 1867 :

A Czempin, une jeune fille de dix-huit ans fut atteinte par la foudre, au moment où elle était occupée près de l'âtre. Elle resta sans connaissance malgré tous les efforts faits pour la ranimer. Enfin, d'après le conseil d'un vieillard, on l'aurait placée dans une fosse fraîchement creusée, et on lui aurait couvert le corps de terre, de manière toutefois qu'elle ne pût étouffer. Au bout de quelques heures, cette jeune fille aurait repris connaissance, et serait revenue à la santé.

Quelquefois, la foudre paraît s'amuser gentiment, innocemment ; elle se mêle à la société des hommes, sans leur faire aucun mal, et sans leur laisser d'autre souvenir qu'une grande frayeur.

Un jour, au milieu d'une joyeuse réunion dansante, la foudre pénètre, par la cheminée, chez M. Van Gestien, aubergiste à Flône (Belgique). A sa vue, tous les danseurs sont pétrifiés de terreur, et pas un ne songe à fuir. Mais ils se méprenaient sur les intentions de la foudre. Celle-ci était des plus honnêtes et ne songeait nullement à devenir un trouble-fête. Aussi, eut-elle le bon esprit de s'esquiver discrètement.

Quand le premier émoi fut passé, une profonde stupéfaction s'empara des assistants : ils étaient presque tous transformés en nègres. La foudre avait ramoné la cheminée et projeté la suie dans la salle de bal, *saupoudrant de suie les visages et les toilettes.*

La foudre ne serait-elle pas plutôt fille des farfadets que messagère de l'Olympe ? Les faits suivants pourraient confirmer cette impression.

A Bayonne, le 6 juin 1873, la foudre a renversé un bec de gaz et jeté à terre une personne après l'avoir fait pirouetter trois fois sur elle-même. Une famille composée de douze personnes, réunie à 60 mètres au moins du point foudroyé, était à table au moment de l'accident. Les douze convives furent renversés, mais sans recevoir aucune blessure.

Au cours d'un violent orage, la foudre pénètre par la cheminée dans une habitation de campagne. Elle enlève deux grosses pierres au foyer, et les transporte près de la tête d'un enfant endormi, *en dépose une de chaque côté*, sans même l'effleurer et sans faire de mal à l'enfant.

Et cette même foudre, dont la délicatesse presque maternelle est tout à fait exquise, pénètre une autre fois, également par une cheminée, dans une habitation, frappe sauvagement un homme à la tête, lui fait de profondes blessures, et le laisse mort au milieu d'une mare de sang. Puis elle prend une grande partie de ce sang, accumulé autour de la tête du foudroyé, et va le coller au plafond de l'étage supérieur. Un enfant, témoin de cette scène tragique, n'eut aucun mal.

Au mois d'août 1901, une étincelle électrique pénètre dans une maison du village de Porri, près d'Ajaccio et entreprend d'y faire le tour du propriétaire. D'abord, elle visite les chambres du deuxième étage sans y produire de grands dégâts. Ensuite, elle descend au premier étage, où deux jeunes filles se trouvaient, tournoie autour d'elles et les brûle aux jambes. Elle continue sa course jusqu'à la cave où son éblouissante clarté terrorise trois jeunes enfants qui s'y étaient réfugiés. Elle en épargne deux, mais en brûle un assez grièvement.

Enfin, nous terminerons cette série de tableaux électriques qui nous dépeignent parfois si tragiquement les différents modes d'activité d'un des plus grandioses phénomènes de la nature, par deux faits dont l'étrangeté surpasse tout ce que l'on peut imaginer. Les voici :

Pline cite une dame romaine qui, ayant été frappée par la foudre pendant sa grossesse, accoucha d'un enfant mort, sans éprouver elle-même le moindre dommage.

D'autre part, l'abbé Richard, dans son *Histoire de l'air*, signale un cas plus extraordinaire encore. Au mois de juillet 1713, la foudre frappa à Altenbourg, en Saxe, une femme enceinte. Elle accoucha quelques heures après d'un enfant à demi brûlé et dont le corps était tout noir. La mère revint à la santé.

On ne peut ni définir ni limiter la puissance de la foudre : parfois clémente, souvent cruelle, elle constitue, dans l'universalité de ses actes, un des plus terribles fléaux de la nature.

CHAPITRE VI

EFFETS DE LA FOUDRE SUR LES ANIMAUX

Les animaux, plus que l'homme encore, attirent le feu du ciel. La foudre a pour l'être humain certains égards qu'elle semble négliger totalement lorsqu'il s'agit des humbles et fidèles serviteurs que la nature nous a donnés.

Et, soit dit entre nous, le tonnerre n'est pas toujours aussi absurde qu'il le paraît. Il a même quelquefois des procédés pleins de tact. S'il frappe souvent aveuglément et férocement d'innocentes victimes, il semble parfois choisir et faire preuve d'un certain esprit.

Ainsi, nous trouvons, parmi nos nombreux exemples, un fait étrange qui réhabilite un peu dans notre pensée le farouche tonnerre.

Le 20 juillet 1872, dans l'état de Kentucky : nous avons déjà cité le fait de ce nègre, du nom de

Norris, qui allait être pendu pour meurtre d'un mulâtre, son compagnon de travail, et qui, au moment où il mettait le pied sur la fatale plate-forme, fut frappé par la foudre qui a ainsi épargné au shérif la peine de le *lancer* dans l'éternité.

Voilà un tonnerre plein de justice et qu'on ne saurait trop louer.

D'autre part, Arago raconte qu'un chef de brigands avait été enfermé dans une prison bavaroise, au milieu de ses complices. Sans doute, il soutenait leur arrogance par ses blasphèmes. La pierre sur laquelle il était attaché lui servait de tribune. Tout à coup, la foudre vint le frapper, tandis qu'il haranguait ses infâmes disciples.

Il tombe mort. Les maillons de fer avaient attiré la catastrophe ; mais les brigands ne s'arrêtèrent pas à cette cause naturelle, et n'en furent pas moins terrifiés que si le fer n'eût point été là, et que si le tonnerre eût choisi sa victime avec intelligence.

Voici une autre observation, tout à l'honneur de la loyauté providentielle, et d'ailleurs, disons-le, accidentelle de la foudre.

La favorite d'un prince a obtenu un testament, ou plutôt la reconnaissance de son fils. Elle compte sur cette pièce pour troubler l'État après la mort de son bienfaiteur. Elle l'enferme précieusement dans un coffret et s'en va l'enfouir au fond d'un bois, espérant rendre toutes les recherches inutiles, même au cas où le prince reviendrait sur sa décision.

Mais voilà que la foudre intervient ! L'arbre est frappé pendant un orage et le coffret ouvert se trouve lancé sur la grande route, où un paysan le retrouve.

L'histoire de la foudre est, comme on le voit, riche en variétés sans fin. En arrivant à l'examen des effets sur les animaux, notre mosaïque va garder toute son opulence.

Les animaux sont plus maltraités que l'homme, mais moins encore que les plantes et les corps non organisés. Quelles sont les causes de cette différence? Devons-nous l'attribuer à une prédisposition physique, d'ailleurs non constatée jusqu'ici?

Les expériences démontrent que les étincelles dirigées sur la colonne vertébrale sont particulièrement dangereuses.

Or, les quadrupèdes sont très exposés à recevoir sur le dos les mortelles atteintes du feu céleste.

Leur fourrure ou leur plumage, faisant partie intrinsèque de leur corps, les met à peu près dans la situation d'une personne qui, pour se protéger des intempéries, s'envelopperait entièrement dans sa chevelure, en admettant que celle-ci fût assez longue et assez opulente pour la couvrir aussi décemment que des vêtements.

Rarement les animaux survivent aux atteintes du fluide. Quand ils ne meurent pas sur le coup, ils ne tardent pas à succomber des suites de leurs blessures. Les anciens avaient déjà fait cette remarque.

« L'homme, dit Pline, est le seul des animaux que la foudre ne tue pas toujours; tous les autres en meurent sur le champ : c'est une prérogative que la nature lui accorde; quoique tant d'animaux le surpassent en force. » Et il ajoutait plus loin que parmi les oiseaux, l'aigle seul n'est jamais foudroyé, ce qui lui fait donner le nom de porte-foudre.

Mais ces assertions sont quelque peu exagérées, et nous pouvons citer un certain nombre d'exemples d'animaux qui ont résisté à la funeste influence du courant électrique.

En 1901, un cheval est touché par la foudre. Celle-ci a certainement été attirée par le fer qui cercle le sabot. Elle a tracé le long de la jambe de l'animal deux traînées profondes où le derme a été creusé et comme cautérisé. Ces deux lignes se rejoignaient au pli du jarret, et formaient alors un seul sillon, dont la trace se perdait dans la région abdominale. Le reste du corps n'avait subi aucune atteinte, et l'animal ne se portait pas plus mal après le foudroiement que si un vétérinaire maladroit lui avait appliqué un feu trop fort.

Le 4 juillet 1884, à Castres, dix personnes et neuf chevaux sont frappés de la foudre. Tous ont survécu à l'accident.

Le 9 juin 1886, dans le grand-duché du Luxembourg, trois vaches et la petite fille qui les gardait sont renversées par une violente commotion. L'enfant et les bêtes se relèvent bientôt. Seul, un bœuf est tué à quelque distance de là.

Très souvent, des chevaux tombent subitement étourdis par la décharge auprès d'animaux tués, puis ils se relèvent au bout d'un moment. Ce phénomène a été aussi observé sur d'autres animaux. Ainsi, cinq ou six porcs placés dans une cage à l'avant d'un navire furent tués par une décharge électrique, tandis que d'autres, seulement séparés des premiers par une toile, furent épargnés.

Mais rares sont les cas où les animaux ne succombent pas à la fulguration. Presque toujours ils périssent. Et nous ne parlons en ce moment que des animaux d'un volume égal ou supérieur à celui de l'homme. Les autres, plus petits, offrent une généralité encore plus probante.

Tous les animaux semblent très exposés au courroux de Jupiter; cependant, certaines espèces paraissent particulièrement désignées au foudroiement, telles les douces brebis qui, fraternellement, se groupent en temps d'orage et tombent en tas, frappées du feu du ciel.

J'ai là sous les yeux une liste d'animaux foudroyés; il y en a de toutes familles. On peut les diviser ainsi :

Plusieurs centaines de béliers, moutons et brebis.
73 chevaux, juments et poulains.
71 bœufs, vaches ou taureaux.
9 chiens.
4 ânes.
3 chèvres.
3 chats.
3 mulets.
2 porcs.
1 lièvre.
1 écureuil.
Une prodigieuse quantité d'oies, de canards, de poulets, de pigeons et de petits oiseaux.
Quant aux poissons, ils fournissent à la foudre un contingent respectable.

En général, les grandes réunions d'animaux sont dangereuses quand le tonnerre gronde, parce qu'elles semblent exercer une forte influence attractive sur le fluide électrique.

Souvent, des troupeaux entiers sont détruits par la foudre. Le docteur Boudin rapporte le fait suivant :

Le 11 mai 1865, vers six heures et demie du soir, un berger, Hubert Wera, surpris dans les champs par l'orage, s'enfuyait avec son troupeau vers sa demeure, lorsqu'arrivé dans un chemin étroit et difficile, les moutons se formèrent en deux groupes. Le pâtre se mit à l'abri derrière un buisson, lorsqu'un formidable coup de tonnerre se fit entendre. La foudre venait de tuer le berger et son troupeau. Le malheureux avait été atteint au sommet de la tête : tous ses cheveux avaient été enlevés à partir de la nuque, et le fluide électrique avait tracé un sillon sur son front, son visage et sa poitrine. Son corps était *dans un état complet de nudité*. Tous ses vêtements étaient réduits en lambeaux. Du reste, pas de trace de sang. Le fer de sa houlette, détaché du manche, avait été lancé à plusieurs mètres de distance, et le manche lui-même brisé en deux morceaux. Un petit crucifix en métal et un scapulaire, appartenant à l'infortuné berger, furent retrouvés à quinze mètres de distance.

Des cent cinquante-deux moutons dont se composait le troupeau, *cent vingt-six* avaient été tués ; ils étaient couverts de sang, et leurs blessures étaient aussi variées que bizarres. Les uns avaient la tête tranchée net, les autres la tête percée de part en part, d'autres, les jambes fracturées. Quant au chien, on ne put le retrouver !

Le 13 mai 1803, près de Fehrbellin (Etats prussiens), un seul coup de tonnerre tua un berger et *quarante* brebis.

Le 1er juin 1826, le tonnerre tua *soixante-quatre* bêtes à laine dans un champ à Gulpin (Limbourg).

A Prades, le 28 juillet 1890, *trois cent quarante* moutons furent foudroyés d'un seul coup.

Au cours d'un fort orage, éclaté à Montmaur, dans l'Isère, la foudre est tombée sur un troupeau de quatre-vingt-dix moutons et en a tué cinquante-trois.

Au mois d'avril 1869, le tonnerre s'est abattu sur une bergerie occupée par quatre-vingts moutons. Cinquante de ces bêtes ont été retrouvées entièrement carbonisées ; les trente autres étaient couvertes de plaies, à la tête, aux yeux, sur le dos, et à demi asphyxiées par le fluide fulminique. Les pauvres moutons étaient tous blottis les uns contre les autres.

Le 11 août 1895, un troupeau de brebis a été carbonisé et un bétail de toutes sortes, foudroyé.

A Limoges, le 4 juillet 1884, *quarante deux* vaches ou bœufs ont été frappés par l'étincelle. Ils étaient tous attachés par une chaîne de fer.

Le 24 juin 1822, près de Hayengen (Wurtemberg), un berger et *deux cent seize* moutons sur deux cent quarante-huit furent foudroyés en plein champ.

Enfin, d'après d'Abbadie, un orage, en Ethiopie, aurait d'un seul coup tué *deux mille* chèvres et le berger qui les gardait.

Ces chiffres sont, je crois, assez éloquents, et, si nous n'avions craint de fatiguer le lecteur par une trop longue énumération qui pourrait devenir fastidieuse, nous pourrions encore ajouter à cette liste un grand nombre d'exemples analogues. Mais il serait superflu d'insister davantage sur le danger que courent, en temps d orage, les grandes agglomérations d'animaux. Sous l'impression de la frayeur, les bêtes, et particulièrement les moutons, se serrent les uns contre les autres et sont mouillés par la pluie : ils offrent ainsi une large surface parfaitement conductrice pour la foudre.

D'un autre côté, la colonne de vapeur qui s'élève de ces masses vivantes ouvre un passage excellent au fluide et l'invite à s'écouler par là, en traversant le corps des pauvres bêtes.

En cas d'orage, il vaut donc mieux disperser le troupeau que d'en former un groupe compact.

On s'est demandé quelquefois aussi quels étaient

les effets de la foudre sur les animaux disposés en file?

En est-il de l'électricité atmosphérique comme de celle de nos laboratoires? L'influence de la matière électrique est-elle plus funeste aux deux extrémités de la rangée qu'au milieu?

Quand la foudre rencontre une barre métallique, elle ne produit guère de dégâts qu'à l'entrée et à la sortie. D'autre part, lorsque plusieurs personnes forment la chaîne, en se tenant par la main, si la première touche la panse d'une bouteille de Leyde, et la dernière le bouton, tout le cercle reçoit instantanément la commotion. Seulement, les personnes qui sont au milieu éprouvent un choc un peu moins violent que celles qui touchent la bouteille. Or, les décharges qui descendent des nuages produisent des effets analogues sur les hommes et sur les animaux.

Arago cite quelques faits à l'appui.

A Flavigny (Côte-d'Or), cinq chevaux étaient dans une écurie où la foudre pénétra. Les deux premiers et les deux derniers périrent. Le cinquième, celui du milieu, n'eut aucun mal.

Un jour, la foudre étant tombée en plein champ, sur cinq chevaux disposés en file, tua le premier et le dernier Les trois autres furent complètement épargnés.

Mais un nombre plus considérable d'observations de ce genre serait nécessaire pour que l'on puisse se prononcer définitivement.

En certains cas, la foudre, toujours bizarre et extravagante, semble faire un choix méticuleux de ses victimes : elle en tue une, épargne la suivante, foudroie la troisième fait grâce à la quatrième... Quel jeu étrange! Quelle fantaisie!

Madame la comtesse Mycielska, du duché de Posen, m'écrivait récemment :

Pendant un orage qui eut lieu au mois d'août 1901, la foudre pénétra, par la porte entr'ouverte, dans une étable où il y avait vingt vaches et en tua dix, commençant par celle qui était la plus près de la porte, la seconde fut épargnée, la troisième tuée, la quatrième resta intacte et ainsi de suite : *tous les nombres impairs furent tués*, les autres ne reçurent même pas de brûlure. Le pâtre, qui se trouvait dans l'étable, après un moment d'étourdissement, se releva bien portant. La foudre n'alluma pas le bâtiment, quoique l'étable fût pleine de paille.

Nous avons déjà vu un fait analogue au chapitre de la « foudre en boule. » A ce propos, M. Elisée Duval, à Criquetot-l'Esneval (Seine-Inférieure), m'a adressé la relation d'un cas très remarquable remontant au 28 juin 1892. La foudre est tombée sur le télégraphe du Havre à Etretat. Une douzaine de poteaux ont été renversés. Or, chose curieuse, les poteaux n'ont été abattus que *de deux en deux*, un poteau intact était resté debout entre deux autres renversés.

Cependant, voici un phénomène plus extraordinaire encore. Nous ignorions que le tonnerre sût distinguer une couleur de l'autre et qu'il eût des préférences pour telle ou telle d'entre elles. Eh bien, cette distinction intelligente ne devra plus nous étonner de la part de la personnalité objective de la foudre.

Ici, nous nous trouvons en présence d'un cas où le fluide s'est nettement déclaré en faveur du noir.

C'était à Lapleau, dans la Corrèze. Un jour, le tonnerre tombe sur une grange remplie de foin et de paille et couverte en chaume, sans y mettre le feu.

Puis, se dirigeant vers la bergerie, elle y tue sept moutons noirs et pas un blanc !

Ce choix est catégorique, et les personnes qui ont peur de la foudre pourraient s'inspirer de cet exemple et se vêtir de longues robes blanches en temps d'orage... Malheureusement, la foudre est si excentrique et si irrégulière qu'on ne doit jamais se fier à elle. Constamment, elle se dément !

Qui nous dira pourquoi elle s'est glissée une fois dans une étable pleine de vaches sans en blesser une seule?

Ce fait extraordinaire s'est produit dans le commune de Frignicourt (Marne). Après un formidable coup de tonnerre, toutes les vaches placées dans une étable se sont trouvées détachées sans qu'aucune d'elles eût le moindre mal.

Là encore, la foudre paraît n'avoir eu d'autre but que de jouer un bon tour.

Mais, en général, ses conséquences sont plus graves.

Si quelques têtes de bétail ont été miraculeusement sauvées par un hasard providentiel, il n'en est pas moins vrai que l'on ne voit presque jamais un animal survivre à la décharge ayant causé la mort de l'homme.

Néanmoins, comme il n'est pas de règle sans exceptions, nous allons citer les suivantes :

Sous un ciel sombre et menaçant, un petit berger voyant l'orage s'annoncer courut réunir son troupeau pour le reconduire à l'étable. Juste à ce moment, la foudre éclate et couche par terre l'enfant et une trentaine de brebis. Bientôt, toutes les bêtes se relevèrent, mais l'infortuné pâtre était mort.

Une autre fois, le 13 juin 1893, un berger fut tué

par la foudre. Or, circonstance remarquable, un seul mouton, sur plus de cent qui composaient son troupeau, fut foudroyé.

Le 17 juin 1883, le tonnerre est entré dans une bergerie contenant une centaine de moutons. Quatre seulement ont péri. L'un d'eux se trouvait marqué sur le dos d'une croix formée de deux rainures rectilignes, pénétrant jusqu'à la peau, la laine seule ayant été enlevée.

Parfois, mais très rarement, l'homme et l'animal survivent à la décharge.

Ainsi, le cheval du docteur Brillouet fut jeté dans un fossé, resta sans mouvement pendant trois quarts d'heure, et parvint enfin à se relever. Il devint plus tard excessivement faible et ses jambes s'arquèrent.

Assez souvent, le même coup tue simultanément l'homme et les animaux. Nous avons déjà cité quelques cas de ce genre. En voici d'autres encore.

Un orage épouvantable s'étant produit le 26 août 1900, à La Salvetat, un berger et son troupeau, composé de vingt-trois brebis, ont été tués par la foudre.

Le 23 juillet 1887, un jeune garçon de quinze ans, habitant Montagnat (Ain), a été foudroyé pendant qu'il attelait des bœufs à la porte de l'écurie. Un bœuf a été également tué.

A Lagraulière (Corrèze), le 15 août 1862, trois filles gardaient leurs troupeaux. Vers cinq heures éclata un violent orage et le tonnerre grondait terriblement. Les bergères, prises à l'improviste, n'avaient pas eu le temps de rentrer leurs troupeaux. Les deux premières s'abritèrent sous un gros châtaignier ; la troisième, sous un chêne distant de 25 mètres de l'endroit où étaient ses compagnes. Soudain, la foudre descend sur le châtaignier et enveloppe les deux petites réfugiées. Elles tombèrent mortes. La troisième s'évanouit, à demi asphyxiée par l'odeur de soufre. Les vêtements des deux malheureuses foudroyées étaient brûlés; leurs sabots étaient brisés. Auprès d'elles, se trouvaient cinq brebis, un porc et une ânesse également tués par le fluide. Le chien de la bergère avait été coupé en deux.

Plusieurs fois aussi, le coup de tonnerre ayant atteint des hommes et des animaux a été plus meurtrier pour ceux ci que pour les hommes qui ont cependant quelquefois succombé.

Une diligence montait lentement une côte, lorsque soudain un coup de foudre interrompt sa marche ascendante. Une boule électrique éclate subitement au-dessus de la tête des chevaux et les couche tous les cinq raide morts. Le postillon est foudroyé, mais pas une seule autre personne n'est atteinte, bien que la voiture fût pleine de femmes et d'enfants.

Il convient de noter une particularité de ce fait: le terrible météore ne fut accompagné d'aucune émission de lumière, ni suivi d'aucune répercussion de son.

Au mois de juin 1872, vers deux heures de l'après-midi, un fermier des Hospices, à la Grange-Forestière, essayait dans un champ un couple de bœufs qu'il venait d'acheter à la foire. La foudre survient, renverse l'homme et les animaux. Quelques heures plus tard, le malheureux fermier est relevé dans un état pitoyable : il avait les cheveux en partie brûlés ainsi que les poils de la poitrine ; il était complètement sourd et dans un état de prostration absolue. Son pantalon était décousu du haut en bas sur les quatre coutures, son chapeau criblé de trous et ses chaussures arrachées. Cependant, le blessé survécut à l'accident. Quant aux bœufs, ils furent tués net

Enfin, comme nous le disions précédemment, l'étincelle ayant frappé à la fois des hommes et des animaux, les premiers seuls ont résisté au choc.

Au mois de juin 1855, le tonnerre étant tombé sur un troupeau de moutons dans la commune de Saint-Léger-la-Montagne (Haute-Vienne), soixante-dix-huit moutons et deux chiens de garde ont été tués sur le coup. Une femme qui gardait le troupeau a été légèrement atteinte.

Le 26 septembre 1820, la foudre frappe près de Sainte-Menehould un laboureur conduisant sa charrue : les deux chevaux furent tués ; l'homme en fut quitte pour une surdité passagère.

En août 1852, deux bœufs sur quatre sont tués net. Le troisième est paralysé du côté gauche. Quant au fermier, il s'en tira avec un engourdissement de la jambe gauche.

Très souvent l'homme n'éprouve rien, pas le moindre mal, pas même une commotion, tandis qu'à côté de lui, des bêtes tombent mortes.

Voyons quelques faits :

Le 2 février 1859, un troupeau de porcs fut surpris par une trombe aux environs de Liège ; cent cinquante de ces animaux périrent par l'action du fluide électrique, leurs conducteurs n'éprouvèrent pas le moindre accident.

En 1715, la foudre tomba sur l'abbaye de Noirmoutiers, près de Tours, et y tua vingt-deux chevaux sans faire aucun mal à cent cinquante religieux dont elle visita le réfectoire et dont elle renversa les cent cinquante bouteilles contenant leur ration de vin.

En l'an IX, le tonnerre tua, près de Chartres, un cheval et un mulet, en épargnant le meunier qui conduisait ces deux animaux.

Le 17 juillet 1895, quatre vaches passaient sur une route. Tout à coup, elles furent bousculées et jetées brutalement par la foudre sur le bord de la route. Le vieux bouvier qui les conduisait n'a rien éprouvé sinon la sensation d'une odeur très forte, très caractéristique, qu'il n'a pas su définir.

En 1810, une décharge foudroyante se produit près de M. Cowens et tue son chien placé à son côté, sans faire le moindre mal au maître.

Au mois d'août 1900, la foudre pénètre dans un hangar sous lequel s'abritaient douze poulets. Les pauvres chapons ont été tués, mais une dame qui leur donnait à manger n'a eu aucun mal.

On s'est souvent demandé si la foudre atteignait les oiseaux pendant leur vol. Cette question, maintes fois posée, semble trouver sa réponse dans les faits suivants :

Une dame regardait par sa fenêtre quand un éclair se produisit, accompagné d'un gros coup de tonnerre. Aussitôt, elle aperçut sur le gazon, devant elle, une mouette morte qu'elle n'avait pas vue auparavant. Les personnes qui ramassèrent l'oiseau affirmèrent l'avoir trouvé encore chaud, et elles ajoutèrent qu'il avait une forte odeur de soufre. Les exemples de cette catégorie sont rares. Nous en possédons encore deux :

Un jour, M. W. Murdochs, se trouvant avec quelques amis, examinait un orage des plus violents qui s'étendait sur la vallée de l'Ayr. A ce moment, un chien débusqua une bande de canards abrités derrière un vieux bâtiment.

Un de ces oiseaux, dans sa fuite, prit son vol. Il fendait l'air quand il fut frappé par la foudre et tué comme par le fusil d'un chasseur.

Pendant un orage aux Etats-Unis, M. Burch vit passer un vol d'oies sauvages. Tout à coup, un éclair se produisit, jetant le désordre dans la bande. Six oiseaux tombèrent morts sur le sol.

Il semble que l'absence de toute communication avec le sol devrait protéger dans une certaine mesure la gracieuse gent volante des atteintes de la foudre. Mais il n'en est rien. Les pauvres oiseaux ne trouvent pas grâce devant ce terrible adversaire.

Cependant, la foudre est pour eux moins redoutable que le fusil du chasseur. Il est très rare que ces rois de l'air soient victimes du feu du ciel. Ils ont un autre ennemi, barbare, impardonnable : c'est l'homme. Oui, les petits Jupiters terrestres sont infiniment plus terribles pour le monde ailé des oiseaux que le géant des dieux. Rarement, ils se laissent attendrir par la grâce séduisante, l'élégance et l'aimable gazouillis des charmants habitants de l'espace !

En vérité, l'une des causes pour lesquelles les oiseaux sont si rarement atteints dans leur vol par la foudre, c'est qu'ils pressentent l'orage et qu'ils ont la prudence de se mettre à l'abri avant qu'il éclate.

Les moineaux sont ceux qui souffrent le plus du fluide électrique.

On en retrouve, parfois, accrochés par leurs pattes crispées aux fils télégraphiques ou aux branches des arbres. Mais ce dernier cas est assez rare ; en général, ils nichent haut dans les arbres, et les effets de la foudre sont beaucoup moins intenses sur les branches des arbres que le long du tronc principal.

On raconte aussi que des petits chanteurs ailés ont été tués dans leur prison de fer. Un jour, un canari qui se trouvait dans une cage avec cinq autres oiseaux de même espèce a été tué; les autres sont restés indemnes. L'étincelle, attirée par les barreaux métalliques, a foudroyé le serin qui, sans doute, se tenait sur une mangeoire en fer.

De tous les animaux, les poissons ne sont pas les plus privilégiés dans leur obscur séjour; ils reçoivent fréquemment la visite de la foudre, et leur triste destin a prouvé plus d'une fois combien il est dangereux de rester dans le voisinage d'une mare ou d'un étang quand le tonnerre gronde.

D'ailleurs, pourquoi recommande-t-on toujours de faire aboutir le conducteur des paratonnerres dans un puits, dans un terrain humide ou même, s'il est possible, dans une petite mare ? C'est que l'eau conduit admirablement la substance électrique.

On conçoit donc facilement qu'une vaste étendue liquide doit être un refuge précieux pour la foudre quand, ayant fait quelques victimes sur la terre, et craignant la vengeance d'un paratonnerre, elle se précipite dans l'eau. Le plus souvent, elle s'y noie. En cette circonstance, elle suit le noble exemple de l'immortel Gribouille, mais peu importe. La logique de la foudre est encore très contestable.

Quoi qu'il en soit, de nombreux exemples nous montrent les dangers auxquels sont exposés les habitants des fleuves et de l'élément liquide en général. Non seulement les pêcheurs et les mariniers sont unanimes à constater les ravages de la foudre, mais l'histoire de l'électricité a conservé le souvenir de sinistres mémorables, de véritables hécatombes de poissons attribués au feu du ciel.

Arago raconte que le 17 septembre 1772, la foudre tomba sur le Doubs, et tua tous les brochets et toutes les truites qui nageaient dans le fleuve ; l'eau fut bientôt couverte de leurs cadavres qui flottaient le ventre en l'air.

Un siècle auparavant, dans le courant de l'année 1672, le lac en partie souterrain de Zirknitz avait été le théâtre d'un événement semblable, mais bien plus terrible encore par le nombre des victimes. Les habitants du voisinage recueillirent un nombre si considérable de poissons foudroyés qu'ils purent en remplir complètement dix-huit charrettes.

En 1879, pendant un violent orage nocturne, la décharge électrique tomba sur un petit vivier dans lequel s'ébattaient de nombreuses espèces de poissons. Le lendemain matin on les trouvait tous morts, flottant à la surface. Leur apparence était celle de poissons bouillis, et leur chair tombait en morceaux quand on les touchait, exactement comme celle des poissons cuits. On n'apercevait aucune lésion externe ni interne, les écailles étaient intactes et la vessie natatoire, pleine d'air, avait été préservée. L'eau du bassin resta trouble et vaseuse le lendemain de l'orage, comme si l'agitation de la tempête eût été toute récente.

Voici une autre observation analogue à la précédente. En 1894, la foudre étant tombée sur deux peupliers situés sur l'Ignon, dans le territoire de Saulx-le-Duc (Côte-d'Or), une mare voisine de cet endroit et qui mesure dix mètres de long sur cinq de large, fut également foudroyée. Le propriétaire ne tarda pas à constater que tous les poissons au nombre de *mille* environ étaient morts.

Enfin, chose plus bizarre encore, les poissons d'un

aquarium placé dans un salon furent un jour foudroyés. On les trouva tous gisant morts sur le plancher. La glace qui formait le fond du vaisseau était tordue et enduite d'une couche épaisse d'une substance de couleur jaunâtre.

Si l'on étudie les effets de la foudre sur les animaux au point de vue des lésions qu'elle produit, on peut faire certaines remarques intéressantes.

Le plus souvent, les poils des quadrupèdes sont altérés, brûlés. Quelquefois, l étincelle agit en nappe sur une large surface du corps de l'animal. Ainsi deux chevaux eurent le poil roussi sur la plus grande partie du corps, et plus particulièrement aux jambes et sous le ventre.

D'autres fois, le poil est brûlé seulement en certains points.

La foudre ayant frappé un jeune bœuf, âgé de quatre ans, roux avec des taches blanches, brûla et enleva tous les poils des taches blanches sur le dos et sur les flancs, et respecta les poils roux.

Mais, ordinairement, on trouve un ou plusieurs sillons de divers aspects La peau est rarement intacte sous les poils altérés, elle est presque toujours plus ou moins brûlée, et l'on constate souvent dans le tissu cellulaire sous-cutané des extravasions de sang qui correspondent aux lésions de l'épiderme.

En quelques cas, le fluide fulminant s'attaque simplement au pelage de l'animal.

Il est assez fréquent d'observer sur l'animal foudroyé la fracture des os, ou l'ablation d'un membre.

En 1838, un violent orage ayant éclaté sur les environs de Nimègue, plusieurs bœufs furent tués dans les prairies et eurent les os brisés.

Au mois de mai 1718, dans la Marche de Pricgnitz, huit brebis furent foudroyées. On ne put s'en servir comme aliment, parce que tous les os avaient été brisés comme dans un mortier et que les fragments s'en étaient répandus dans les chairs. Celles-ci, d'ailleurs, étaient restées intactes.

Nous avons vu, au chapitre précédent, que souvent la fulguration ne laisse aucun signe particulier sur les hommes foudroyés. Or, il en est parfois de même pour les animaux. Le fluide électrique absorbe entièrement la source de la vie, tue l'animal et ne laisse que des traces insignifiantes de son passage. Quelquefois même on ne peut relever aucune lésion extérieure.

Le 7 juillet 1778, près de Hambourg, la foudre tua deux chevaux dans leur écurie ; ils ne présentaient extérieurement aucune trace de brûlure ; cependant, on trouva chez l'un et l'autre une rupture des oreillettes.

Au mois de septembre 1787, à Ogenne, deux vaches et une génisse furent foudroyées dans leur étable : aucune blessure extérieure ne paraissait sur leur corps.

Autre observation rapportée par l'abbé Chapsal dans sa remarquable description des effets de la foudre : un pourceau frappé d'un coup de tonnerre tomba mort, et l'on ne put découvrir aucun indice du passage électrique.

On voit que la foudre ne fait pas une grande distinction entre les coups dont elle frappe les hommes et ceux qu'elle inflige aux animaux.

Parfois aussi, le cadavre des bêtes foudroyées a été

complètement incinéré. Au premier abord, le corps paraissait intact, mais lorsqu'on le touchait, il tombait en cendres.

A Clermont (Oise), le 2 juin 1903, plusieurs animaux ont été entièrement carbonisés dans leur étable.

On a vu aussi des animaux foudroyés transportés par le météore fort loin du lieu de la catastrophe. D'autres subissent des troubles nerveux assez graves, à la suite des coups foudroyants dont ils ont été atteints : il en résulte parfois de la paralysie totale ou partielle. Ainsi, une vache ayant été sillonnée par la foudre fut renversée et resta un quart d'heure sans mouvement ; alors elle fut saisie de violentes convulsions, puis se leva brusquement comme épouvantée.

Voici un cas où la commotion, très forte, a provoqué un accès de délire.

Au cours d'un orage effrayant, le 4 septembre 1849, un boucher accompagné d'un chien dogue se réfugia sous un hêtre au bord de la route. Tout à coup, la foudre tombe sur l'arbre et atteint le chien Celui-ci, pris d'un subit accès de folie furieuse, se précipite sur son maître, le mord à la cuisse, et ne lâche prise que lorsque le boucher entraînant l'animal avec lui, dans une maison voisine, lui coupe la queue. Le chien mourut dans la nuit

Dans certains exemples, on constate chez les animaux des lésions non observées sur l'homme. Il en est ainsi de l'opacité de la cornée transparente et des brûlures de la muqueuse des fosses nasales.

Par contre, le fœtus qui sommeille sous la frêle enveloppe de l'œuf est exposé, comme l'enfant dans le sein de sa mère, aux coups impitoyables du plus terrible des météores.

Plus d'une fois, des poussins ont été foudroyés avant d'avoir vu le jour !

Souvent, le bruit du tonnerre et la frayeur qui en résulte occasionnent l'avortement des biches et surtout des brebis.

Généralement, l'animal foudroyé s'affaisse instantanément sans se débattre. Cependant, on cite le cas d'un cheval atteint par l'étincelle qui lutta longtemps contre une mort inévitable.

Le cadavre des animaux, comme celui de l'homme, présente quelquefois une rigidité absolue ; en d'autres cas, il est mou, flasque et se décompose rapidement.

Ainsi, tous les moutons d'un troupeau, rassemblés en foule sous un arbre en Ecosse, avaient été tués par un grand coup de tonnerre, un soir d'orage assez tard. Or, le lendemain matin, le propriétaire, voulant tirer bénéfice des restes des malheureuses victimes, envoya ses gens pour les écorcher. Mais les cadavres étaient déjà dans un tel état de décomposition, et l'infection si abominable, qu'il fut impossible aux domestiques d'exécuter les ordres de leur maître. On s'empressa d'enterrer les moutons avec leurs peaux.

Le 10 septembre 1845. vers deux heures de l'après-midi, la foudre tombe sur une maison du village de Salagnac (Creuse) Entre autres accidents, elle tua un cochon dans une écurie. Trois heures après, le cadavre était en pleine décomposition.

Quand les animaux sont tués, non plus par le fluide atmosphérique, mais par la foudre de nos machines, la décomposition survient toujours très rapidement. Brown-Séquard a fait à ce sujet la très curieuse observation que voici :

On enleva le cœur sur ci q lapins de même espèce, de même âge et de force à peu près égale. On en laissa un de côté sans y toucher, et l'on soumit les quatre autres au passage d'un courant électro-galvanique de force différente pour chacun des quatre animaux Voici les résultats obtenus :

Le premier animal ne devint rigide qu'au bout de dix heures et sa rigidité, excessivement énergique, dura huit jours.

La rigidité des quatre autres cadavres fut d'autant plus faible et dura d'autant moins longtemps que le courant électrique avait été plus fort. Ainsi, celui qui a reçu le courant le plus faible devint rigide au bout de sept heures et sa rigidité dura six jours. Le lapin soumis au courant le plus énergique devint rigide en sept minutes et son cadavre s'amollit au bout d'un quart d'heure.

Cette expérience explique l'absence ou le peu de durée de la raideur cadavérique chez les sujets soumis à l'effroyable décharge de la foudre

Les animaux sont non seulement très fréquemment victimes de la foudre, mais, comme le rappelle cette expérience, ils sont encore plus souvent martyrs de la science : les laboratoires se transforment parfois en petits cimetières où gisent de pauvres cobayes, des grenouilles écartelées et des lapins mutilés. Mais quel est le sort commun de ces derniers, quand la curiosité scientifique les épargne? L'essentiel est de ne pas faire souffrir ces innocentes victimes.

Peut-on manger impunément la chair des animaux foudroyés? plusieurs répondent par l'affirmation, beaucoup par la négative. Les uns comme les autres ont raison.

Sans tenir compte de la putréfaction rapide à laquelle sont presque toujours soumis les corps foudroyés, la chair des animaux morts par fulguration a été souvent trouvée malsaine et immangeable.

Un vétérinaire, chargé d'examiner les cadavres de trois vaches et d'un bœuf foudroyés dans une étable, aurait déclaré que leur chair ne pouvait être livrée sans danger à la consommation.

Au contraire, Franklin raconte que quelques personnes ont mangé des volailles tuées par l'étincelle électrique, « ce drôle de petit tonnerre », et accommodées immédiatement après leur mort. La chair de ces chapons aurait été excellente et particulièrement tendre. Et l'illustre inventeur du paratonnerre concluait en proposant d'employer ce procédé pour amener la chair fraîche au degré le plus propre à être servie sur la table.

Nous sommes d'avis, néanmoins, qu'il est plus prudent de faire le sacrifice de ces chairs frappées de la foudre, puisqu'il est avéré que dans certains cas la décomposition en est très rapide.

Jusqu'à présent, nous avons vu tous les animaux, y compris l'homme, victimes de la foudre. C'est la règle générale.

Cependant, on rencontre souvent en ce monde des êtres, hommes, animaux ou plantes, qui cherchent à se distinguer de leurs semblables par une originalité quelconque. Tel paraît être le cas des poissons électriques dont l'existence semble vouée au culte de Jupiter.

Ces étranges poissons ont reçu de la nature le don de lancer la foudre à une certaine distance.

Voici comment ils opérent. Un petit poisson, en quête de nourriture, s'aventure-t-il trop près de cet ennemi redoutable? Aussitôt, celui-ci met en activité sa pile vivante; d'un œil fascinateur, il immobilise sa proie et lui décoche des décharges réitérées. Au bout d'un instant, le pauvre petit poisson est vaincu, et, sans résistance, il se laisse happer par son impitoyable adversaire.

Certains fleuves de l'Asie et de l'Afrique, les profondeurs de l'Océan Pacifique, dans lesquels vivent ces animaux fantastiques, sont souvent le théâtre de drames affreux causés par la présence de ces poissons foudroyants, que l'on divise en cinq espèces : le tétrodon, le trichiure, le silure, la raie torpille et le gymnote. Ces foudres aquatiques font de terribles ravages parmi les habitants du royaume de Neptune. Leur influence s'exerce non seulement sur les poissons, mais aussi sur l'homme. Quand on touche une torpille, on ressent une commotion assez forte pour engourdir et paralyser le bras pendant quelques minutes.

Dans une expérience fort curieuse, huit personnes formant la chaine éprouvaient toutes une commotion lorsque l'une d'elles touchait avec un fil métallique le dos d'une torpille importée dans nos contrées.

Si le tonnerre a élu domicile ailleurs que dans les nuages, il semble bien que ce soit dans l'organisme de ces poissons fantastiques.

Malheureusement, dans ses relations internationales, l'humanité a inventé des torpilles bien autrement redoutables.

CHAPITRE VII

EFFETS DE LA FOUDRE SUR LES VÉGÉTAUX ET SUR LE SOL

Il y a près de deux mille ans, Pline écrivait : « Pour ce qui regarde les productions de la terre, la foudre ne tombe jamais sur le laurier. » C'est pourquoi les empereurs romains, tremblants devant le feu du ciel, se couronnaient de laurier. Cette croyance était universelle dans l'antiquité. Elle s'est d'ailleurs longtemps perpétuée.

Du reste, chaque siècle proclame l'immunité d'une essence choisie, dont la vertu préservatrice semble capable de chasser le mauvais esprit du tonnerre, mais l'observation impartiale a malheureusement démontré qu'aucune espèce ne jouit de ce privilège d'une manière absolue. Si certains arbres sont rarement frappés, cela tient peut-être moins à l'espèce qu'à leurs dimensions, à leur état hygrométrique, et à d'autres influences encore imprécises, car la foudre, dans sa capricieuse fantaisie, fait un choix inégal et encore difficile à expliquer.

C'est ainsi que le laurier a perdu son apparente souveraineté sur la foudre, et qu'il a pris rang parmi le commun des arbres soumis à l'injuste colère du roi des dieux.

On a vu, en effet, plusieurs lauriers assez grands, frappés et détruits par le fluide électrique.

Le figuier, le mûrier et le pêcher passent aussi pour être toujours épargnés ; mais il n'en est rien. On cite le cas d'un figuier frappé de mort et complètement desséché par la matière fulgurante, et aussi celui d'un vieux mûrier de quatre-vingts ans détruit en partie, le 13 août 1783, par un coup de tonnerre.

De notre temps, le hêtre paraît se distinguer dans le monde végétal par son immunité. Dans l'Etat de Tennessee, aux Etats-Unis, cette opinion est si bien établie que les plantations de hêtres servent de refuge en temps d'orage. Mais il ne faudrait pas trop s'y fier. Parmi les arbres foudroyés, on voit quelques hêtres fraternisant avec des lauriers, des mûriers, etc... dont l'immunité semblait pourtant incontestable.

En 1835, un vieux hêtre fut foudroyé dans la forêt de Villers-Cotterets. Ce vénérable patriarche était âgé d'au moins trois cents ans. Il était fortement branchu à sa partie supérieure, ses quatre plus belles branches furent brisées et renversées ; la cinquième, en grande partie dépouillée de son écorce, resta plantée sur le corps de l'arbre. Le tronc avait été éclaté en quatre endroits correspondant aux quatre branches foudroyées. L'intérieur en était noir et légèrement carbonisé.

Le 15 juillet 1868, à cinq minutes d'intervalle, à quatre heures cinquante-trois et quatre heures cinquante-huit du soir, la foudre tomba au Chéfresne, canton de Percy (Manche), sur un chêne et sur un hêtre.

Ces deux explosions furent épouvantables. Au moment de la première, dans une maison distante d'environ trente mètres du chêne et cent mètres du hêtre, le cidre qui emplissait un verre, à un centimètre du bord, fut en partie projeté sur la table par la commotion.

Le chêne eut particulièrement à souffrir de la foudre ; le hêtre, moins volumineux, mais assez haut, fut plus légèrement atteint.

Autre observation :

Le 10 août 1886, à Haute-Croix, dans le Brabant, un hêtre a été foudroyé. Quelques jours plus tard, le 23 août, un arbre de même essence a été également frappé de la foudre, à Namur.

Le buis, la vigne-vierge ont passé jadis pour des préservatifs actifs contre le feu du ciel. On a attribué la même vertu à la joubarbe, plante grasse herbacée qui croît ordinairement sur les murs et sur les toits, et désignée par les Allemands sous le nom de Donnerblatt ou Donnerbart, c'est-à-dire feuille de tonnerre ou barbe de tonnerre.

Enfin, selon quelques auteurs, le tonnerre ne tombe jamais sur les arbres résineux, tels que les pins, les sapins, etc... Mais là encore, on a des preuves du contraire, surtout en ce qui concerne les sapins.

Parmi les nombreux faits et gestes de la foudre que j'ai recueillis depuis des années, j'ai cent soixante-six notifications d'espèces d'arbres, qui se classent comme il suit pour le nombre de coups de foudre relatifs à chaque espèce :

54 chênes.	2 tilleuls.
24 peupliers.	2 pommiers.
14 ormes.	1 sorbier.
11 noyers.	1 mûrier.
10 sapins.	1 aune.
7 saules.	1 faux-ébénier.
6 pins.	1 acacia.
6 hêtres.	1 robinier pseudo-acacia.
6 frênes.	1 figuier.
4 poiriers.	1 oranger.
4 cerisiers.	1 olivier.
4 châtaigniers.	0 bouleau.
3 catalpas.	0 érable.

L'élévation des végétaux au-dessus du sol entre évidemment en jeu, et il est incontestable que, dans un groupe d'arbres plantés au milieu d'une plaine, la foudre frappera de préférence les plus élevés. Mais ce n'est pas une règle absolue. L'isolement des arbres, leur conductibilité, l'humidité du terrain, la situation par rapport à l'orage, la forme du feuillage et celle des racines entrent en considération sur la marche et les effets de la foudre.

De nombreuses expériences ont été faites pour déterminer la résistance offerte à l'étincelle électrique par diverses sortes de bois. Des morceaux semblables d'aubier vivant de hêtre et de chêne ayant été exposés, dans le sens de la longueur des fibres, à l'étincelle d'une machine de Holtz, on a constaté que le bois de chêne était déjà traversé par le fluide électrique après une à deux révolutions de la machine, tandis que pour le hêtre il fallait de douze à vingt révolutions. Les bois de peuplier noir et de saule présentent une médiocre résistance : cinq révolutions suffisent à l'étincelle pour les pénétrer.

Dans tous les cas, le cœur du bois subit une influence en rapport avec celle de l'aubier. L'analyse a démontré que les arbres à amidon pauvres en graisse, comme le chêne, le peuplier, le saule, l'érable, l'orme et le frêne, opposent au courant électrique une résistance beaucoup moindre que les arbres gras (hêtre, noyer, tilleul, bouleau, etc...).

Ces conclusions sont corroborées par l'exemple du pin, dont le bois, en hiver, contient une grande quantité d'huile, mais est, en été, aussi pauvre que celui des arbres à amidon.

Soumis à l'expérience, ce bois a montré qu'il était, en été, d'une conductibilité aussi parfaite que le chêne, tandis qu'en hiver, sa résistance à l'étincelle était égale à celle du hêtre et des arbres rarement foudroyés.

Les arbres morts sont particulièrement bons conducteurs de l'électricité ; ceux en pleine sève sont beaucoup plus rarement frappés.

Quoi qu'il en soit, on constate que le monde végétal est particulièrement visité par la foudre. Ce petit livre a montré d'ailleurs à quels dangers fréquents sont exposées les personnes qui, en temps d'orage, vont s'abriter sous les arbres ; innombrables sont les cas où des imprudents, réfugiés sous l'épais feuillage pour se dérober à la pluie, ont été tués par le météore, car la foudre ne prend pas toujours la peine de faire une sélection : elle n'épargne ni le protecteur, ni le protégé.

Nous allons encore citer quelques exemples choisis dans un nombre considérable d'observations de ce genre.

En 1888, une dizaine de moissonneurs, surpris par quelques gouttes de pluie et de lointains roulements de tonnerre, quittèrent leur travail pour se réfugier sous un gros noyer. Mais la sécurité de cet abri ayant été mise en doute par l'un d'eux, tous s'enfuirent aussitôt dans la direction d'un bois voisin. Seule, une jeune fille de quatorze ans resta sous le noyer. Quelques personnes s'étant retournées pour lui conseiller de les suivre, la virent enlacer le tronc de l'arbre en souriant, et tomber presque aussitôt à la renverse les bras étendus. Elle était morte.

Dans la même année, le 22 août, quatre cultivateurs revenant de leur travail furent surpris par l'orage. Trois d'entre eux s'abritèrent sous un orme, le quatrième continua prudemment son chemin. Bien lui en prit. Quelques minutes plus tard, la foudre tombait sur l'arbre, tuant raide deux des cultivateurs et blessant grièvement le troisième. Ce dernier fut trouvé presque complètement nu ; ses vêtements brûlés, déchiquetés, étaient dispersés autour de lui. Quand il revint à lui, ce fut sous l'empire d'un délire furieux qui nécessita la présence de plusieurs hommes pour maintenir le malheureux foudroyé et le ramener chez lui, où il mourut bientôt, au milieu des plus atroces souffrances.

Le 23 juin 1893, vers six heures, sept employés à la ferme du Puy-Crouel travaillaient dans un champ de betteraves. Incommodés par la chaleur, ils se mirent à l'abri sous un noyer. Tout à coup, un éclair éblouissant illumina le ciel, les sept ouvriers furent renversés, et l'un d'eux projeté à quelques metres. Trois purent se relever et gagner la ferme, les autres étaient grièvement brûlés et à demi asphyxiés. Un de ces malheureux a eu le dos pelé sur toute la longueur de la colonne vertébrale ; un autre, la figure déchirée, comme si on lui eût labouré le visage avec les ongles. Tous perdirent la mémoire. Le noyer sous lequel les travailleurs s'étaient mis à l'abri fut fendu du haut en bas.

Voici un autre exemple non moins épouvantable :

Sept enfants d'Ahrens, surpris par un orage en revenant des champs, s'étaient réfugiés sous un arbre. La foudre tomba et tua net les sept jeunes imprudents.

Une autre fois, quatre jeunes gens abrités sous un chêne sont frappés et renversés par le tonnerre. L'un d'eux est tué instantanément ; ses compagnons sont cruellement blessés.

Le 10 juillet 1885, en Belgique, une femme qui cueillait des cerises a été tuée dans l'arbre atteint par le fluide. Un jeune homme qui se trouvait en dessous a été paralysé.

Nous pourrions multiplier ces récits tragiques ; chaque année nous en fournit un certain nombre.

L'imprudence des humains est vraiment incorrigible !

Toute personne ayant tant soit peu l'instinct de sa conservation devrait, en temps d'orage, fuir le voisinage des arbres et se laisser mouiller sur la route, plutôt que d'offrir trop généreusement sa vie en holocauste à la foudre, car le tronc du chêne robuste ou du peuplier, élégamment empanaché d'un gracieux feuillage, est comme un autel sur lequel s'accomplissent les sacrifices en l'honneur de Jupiter tonitruant.

Le bois des arbres est moins bon conducteur de l'électricité que le corps humain. C'est pourquoi une personne appuyée contre un arbre reçoit toute la décharge ; parfois l'arbre est séparé en morceaux parce qu'il n'a pas servi de conducteur parfait.

Toutefois, le pouvoir conducteur de quelques espèces est si remarquable que l'on peut considérer le voisinage de certains arbres comme un préservatif contre la foudre (sans pourtant s'y mettre en contact !)

Les extrémités des branches élancées vers les nuées et l'humidité qu'elles recèlent exercent une influence incontestable sur l'électricité atmosphérique, et d'ailleurs, continuellement, par l'intermédiaire de ces charmantes ramures, un échange s'effectue entre le fluide terrestre et l'électricité de nom contraire, suspendue dans les nuages, silencieuse reconstitution d'équilibre entre deux charges opposées.

Colladon rapporte que des peupliers plantés près des habitations peuvent, dans des circonstances favorables, remplir l'usage d'excellents paratonnerres naturels, grâce à leur haute taille et à leur bonne conductibilité. Il ajoute qu'il faut tenir compte en outre d'autres circonstances de situation relatives à l'habitation, et qu'il n'est pas toujours facile de définir. Leur action protectrice n'est pas absolue pour le voisinage. Pour qu'ils agissent efficacement, il est nécessaire qu'ils possèdent un feuillage très bas et qu'ils soient éloignés d'au moins deux mètres des toits ou des murailles. Il faut aussi que leurs racines plongent dans un sol humide et que les bâtiments voisins ne renferment pas de grandes masses métalliques. Dans ces conditions, les peupliers peuvent exercer l'influence salutaire d'un paratonnerre.

Parfois, on voit, dans un même orage, plusieurs

arbres frappés simultanément par un même coup de foudre.

Ainsi, le 23 mai 1886, en Belgique, trois peupliers ont été foudroyés par une seule décharge.

Au contraire, des arbres disposés en séries sont quelquefois foudroyés alternativement. On cite un exemple où la foudre semble avoir calculé son coup, et a touché tous les arbres impairs d'une rangée, sans atteindre les nombres pairs.

Certaines plantations agissent sur le fluide avec une intensité extraordinaire.

En Belgique, à Lovenjoul, un bois de taillis et de grands arbres plantés en terrain marécageux paraît jouir de ce singulier privilège, et les cultivateurs du pays prétendent qu'aucun orage ne passe là sans que la foudre y tombe. Au milieu de ce bois, on compte sept chênes voisins les uns des autres, frappés par la foudre. Tout près, un grand frêne, et un peu plus loin deux peupliers, ont été également foudroyés.

Tous les arbres ne sont pas frappés de la même façon : les uns sont écorcés ou dépouillés de leurs feuilles; d'autres ont le tronc perforé ou fendu en différentes parties.

En général, les arbres sont foudroyés de haut en bas ; dans quelques cas, le sillon est horizontal ou perpendiculaire à la direction des branches.

Parfois, des morceaux d'écorce ou de bois sont détachés de bas en haut, et n'adhèrent plus à la partie supérieure du tronc que par quelques lambeaux. Mais cela ne prouve pas inévitablement que la foudre ait agi en s'élevant du sol ; elle peut avoir été remontante après être descendue des nuées.

Cependant, certains effets ne peuvent s'expliquer

que par le mouvement ascendant du fluide. Tel semble être le cas suivant :

Pendant l'été de 1787, à Tancon, en Beaujolais, deux hommes, réfugiés sous un arbre, furent frappés de la foudre. L'un mourut sur le coup, l'autre n'eut d'autre mal qu'une asphyxie momentanée. Leurs cheveux furent arrachés et portés sur le sommet de l'arbre. Un cercle de fer qui liait le sabot de l'un d'eux fut retrouvé accroché à une branche élevée du même arbre. Or, à quelque distance du lieu de l'accident, un arbre avait également beaucoup souffert du passage du fluide. On remarquait à sa base, dans le sol, un trou rond évasé comme un entonnoir. Un peu au-dessus, l'écorce était enlevée, découpée en petites lanières. Quant à l'arbre sous lequel s'abritaient les deux hommes, il était aussi à demi écorcé, et l'on voyait de longues esquilles séparées de bas en haut, qui tenaient à l'arbre par leur partie supérieure. Les feuilles étaient desséchées d'un côté ; de l'autre, elles avaient conservé leur verdeur.

Dans ce cas fort remarquable, la foudre était sortie de terre.

Un saule ayant été fendu par la foudre, on trouva incrustés dans cette fente les débris de la racine de l'arbre.

De plus, le sol est souvent ondulé, soulevé autour des arbres foudroyés.

Les végétaux, comme l'homme, ne succombent pas toujours aux atteintes de la foudre. Ils peuvent être légèrement frappés dans leur source vitale, alors ils guérissent de leurs blessures. Très souvent, ils sont simplement dépouillés de leurs vêtements naturels, c'est-à-dire de leur écorce et de leur feuillage. C'est même une des lésions superficielles auxquelles ils sont le plus sujets.

Voici un exemple de ce genre de fulguration :

Le 16 juillet 1708, deux chênes furent foudroyés à Brampton. Le plus gros avait environ dix pieds à sa base. Ils furent tous deux fendus et privés de leur écorce sur toute leur circonférence, depuis le sommet jusqu'au sol, dans la longueur de 28 pieds. L'écorce, complètement détachée du corps de l'arbre, pendait sous la forme de longues lanières adhérentes par en haut.

Boussingault fut témoin du foudroiement d'un poirier sauvage, à Lamperlasch, près de Beekelleronn. Lors de l'explosion, il s'éleva une énorme colonne de vapeur, comparable, dit l'observateur, à de la fumée échappée d'une cheminée au moment où l'on charge le foyer avec de la houille. Des éclats furent lancés dans toutes les directions, les grandes branches s'affaissèrent, et après la dissipation de la vapeur, le tronc du poirier se montra debout, et d'une blancheur surprenante : la foudre l'avait entièrement dépouillé de son écorce.

La décortication est quelquefois partielle et bornée à un seul côté, ou limitée à des bandes plus ou moins régulières, soit sur le tronc, soit sur les branches.

Pendant un violent orage, à Juvisy, le 18 mai 1897, la foudre est tombée sur un orme, à 500 mètres de l'Observatoire, en l'écorçant de haut en bas, le long d'une bande de 4 centimètres de largeur et 5 centimètres de profondeur. Cette bande d'écorce a été enlevée avec une netteté parfaite. Aucune trace de brûlure.

Et même, parfois, la matière fulgurante se contente d'enlever les mousses et les lichens attachés aux flancs de l'arbre qui en est quitte pour de légères éraflures. On a vu deux grands chênes foudroyés ne conserver d'autre trace que deux écorchures semblables à celles qu'aurait produites du petit plomb.

D'ailleurs, il n'est pas rare de voir l'écorce criblée d'une multitude de petits trous, comme des piqûres de vers.

Le 15 août 1791, près de Casal Maggiore, trois hommes furent foudroyés sous un orme. L'un d'eux avait le coude appuyé sur l'arbre au moment du foudroiement, et entre autres lésions, il présenta au bras une infinité de petits trous. A l'endroit où reposait le coude, l'arbre présentait une anfractuosité, au centre de laquelle un trou pénétrait jusqu'à la partie ligneuse. L'écorce, tout autour, semblait avoir été percée de mites. De ce point partaient plusieurs cicatrices qui montaient presque perpendiculairement vers le sommet du tronc. Les branches ne présentaient aucune lésion.

Sur une route, à Foulain (Haute-Marne), la foudre a traversé un marronnier haut de 5 mètres en brûlant quelques feuilles, puis a été frapper des conduites d'eau à 1 m. 50 de profondeur, et enfin est sortie dans le fossé par deux trous de 1 mètre de profondeur sur 1 décimètre de diamètre.

Souvent l'écorce est réduite en menues esquilles dispersées sur le sol ou accrochées aux arbres voisins, ou encore projetées à une certaine distance.

Le 25 juin 1865, la foudre est tombée près de Jare (Landes), sur un pin qu'elle a fait éclater et réduit en des milliers de lanières minces, longues de 2 mètres et dont un grand nombre pendaient jusqu'à la distance de 15 mètres aux branches des pins environnants. Un tronc de 2 m. 50 est seul resté debout. En même temps, trois autres pins étaient foudroyés à des distances de 18 à 25 mètres du premier. Chacun d'eux était dépouillé de son écorce, mais seulement jusqu'à l'incision pratiquée pour l'extraction de la résine.

On remarque parfois sur les arbres des sillons plus ou moins larges, tracés dans diverses directions, les uns sur une petite longueur, les autres sur toute la hauteur de l'arbre, et se prolongeant même quelquefois jusqu'aux racines. Ces traces révèlent le passage de la matière fulgurante.

Sir John Clarke a vu, dans le Cumberland, un immense chêne de 60 pieds de hauteur au moins et de 4 pieds de diamètre, auquel la foudre avait enlevé, suivant une ligne droite, un fragment d'écorce d'environ 10 centimètres de largeur et 5 centimètres d'épaisseur, qui s'étendait sur toute la longueur du chêne.

Le sillon n'est pas toujours unique : il peut être double et s'étendre en deux bandes parallèles ou divergentes.

Le chevalier de Louville observa, dans le parc du château de Nevers, un arbre frappé au sommet du tronc par la foudre qui, s'étant divisée en trois rayons, avait tracé trois sillons, comme si, du haut de l'arbre, on avait tiré trois coups de fusil à balle vers ses racines. Les trois sillons avaient suivi les irrégularités de direction du tronc glissant toujours entre le bois et l'écorce et, circonstance curieuse, le bois n'était pas brûlé.

Ces bandes ne sont pas non plus toujours droites ; dans l'exemple précédent, elles suivent les caprices du corps végétal. En certains cas, on les trouve obliques, mais le plus ordinairement elles entourent le tronc de longues spires de différentes largeurs, démontrant que l'arbre a été enlacé par l'éclair, comme par un serpent de feu.

En voici un exemple :

Le 17 juillet 1895, au cours d'un violent orage, un peuplier était foudroyé sur le chemin de la forêt de Moladier, à cent soixante mètres au nord-ouest du château de Vallière. L'arbre, de vingt-cinq mètres de hauteur et feuillé de la base au sommet, a été attaqué à mi-corps par la décharge, et un sillon hélicoïdal de dix centimètres de largeur s'est enroulé autour du tronc jusqu'au niveau du sol.

J'ai noté un cas analogue, le 25 août 1901, après midi.

La foudre est tombée sur un des arbres les plus élevés du parc de Juvisy, un frêne magnifique, en l'écorçant du haut en bas. Le fluide électrique a décrit une trajectoire en spirale, en détruisant partout l'écorce sur son chemin. A quelques mètres du sol, le tronc a été, en plus, fendu dangereusement par le météore, ce qui a compromis la stabilité de l'arbre. D'énormes éclats de la partie écorcée gisaient tout autour du tronc, quelques-uns même projetés à de grandes distances indiquaient dans le phénomène une force explosive d'une violence inouïe.

J'ai pu suivre la marche de la foudre au pied de l'arbre, le long des racines, jusqu'à une grande profondeur, sous forme de brûlure noire.

L'arbre n'est pas mort. Le lierre qui l'enlaçait est mort.

La vaste et splendide forêt de Saint-Germain est fréquemment témoin de la présence de la foudre, et les arbres magnifiques qui sont la parure et la beauté de ces lieux ravissants et célèbres font malheureusement trop souvent les frais de ces visites inopportunes.

La foudre ne respecte pas les souvenirs : elle anéantit d'un seul coup un géant superbe dont les longs bras, chargés de feuilles parfumées, ont abrité de nombreuses générations. L'arbre splendide, vainqueur de plusieurs siècles d'intempéries, succombe sous la flèche du fluide pernicieux. Tel fut le cas d'un chêne voisin de l'Etoile du Grand-Veneur. Frappé à la cime, ses branches supérieures ont été enlevées avec violence... Un sillon en spirale commençait au sommet pour finir à un mètre du sol. Mais, chose extraordinaire, l'arbre semblait avoir été tordu énergiquement dans toute sa masse par une force qui a agi avec assez de puissance pour que l'arbre n'aie pu reprendre de lui-même sa position primitive. La fibre, au lieu d'être disposée verticalement, suivait parallèlement le sillon de la foudre, et était elle-même enroulée en tire-bouchon.

On sait qu'il existe certains arbres exceptionnels dont les fibres s'enroulent en spirale et que le bois taré de cette anomalie végétale est désigné par les menuisiers et les ébénistes sous le nom de bois tors. Cette disposition singulière se rencontre assez souvent chez les pins et les sapins des pays montagneux. On ne peut guère l'expliquer, pas plus qu'on ne peut définir la cause de la forme hélicoïdale de certains rayons de foudre. On ne sait au juste s'il faut les attribuer à la direction des fibres qu'elle aurait suivie ou, au contraire, si l'arbre atteint dans son « enfance » par la foudre en spirale a subi l'influence dominatrice de celle-ci, et a continué de croître en s'enroulant sur lui-même.

Le plus probable est que la chute de la foudre sur

les arbres s'opère souvent en spirale, en vertu même des lois de l'électricité. Nous pouvons même noter en passant que des traces de spirales fulgurantes ont été relevées sur des objets et aussi sur quelques cadavres de foudroyés ayant conservé l'image céraunique du coup mortel.

D'autre part, plusieurs observateurs ont affirmé avoir vu directement la spirale fulgurante traverser impétueusement l'atmosphère. Mais ces observations auraient besoin d'être précisées par un document photographique indiscutable. En cette circonstance comme en bien d'autres, la chambre noire d'un appareil vaudrait cent yeux humains !

En certains cas, le sillon hélicoïdal fait plusieurs tours. Ainsi, en mai 1850, Grebel a vu au-dessous de Zeitz, sur la rive gauche de l'Elster, un aulne de près de vingt mètres de hauteur, frappé par la foudre. Il portait sur les deux tiers inférieurs de son tronc deux bandes tracées en spirale ayant enlevé l'écorce et l'aubier. Il n'y avait aucune trace de combustion.

La profondeur et la largeur de la spire sont très variables ; parfois, le sillon est plus profond sur la partie médiane que sur les bords ; quelquefois, il atteint même le bois.

Deux chênes furent foudroyés en juin 1742, dans le parc de Thorndon. L'un d'eux fut sillonné d'une spirale fulgurante sur une longueur de quarante pieds, jusqu'à une petite distance du sol. La bande avait cinq pouces de largeur, mais se rétrécissait en descendant, et n'atteignait plus en bas que deux pouces. Le bois avait été entamé et même détaché sur une partie du trajet. Les branches n'avaient subi aucune altération. Le reste de l'écorce semblait avoir été criblé par du petit plomb.

Toutes les lésions dont nous venons de parler (excoriation, décortication, sillons) ne sont pas inévitablement mortelles. Mais il est d'autres blessures plus graves, auxquelles l'arbre survit rarement. Nous voulons parler des fissures profondes et de l'éclatement produits par la foudre.

Quand la fente ne comprend qu'une portion de la hauteur de l'arbre, l'accident peut n'avoir aucune suite funeste. Mais il n'en est pas toujours ainsi.

Le 14 mai 1865, un peuplier a été fendu en deux par la foudre, à Montigny-sur-Loing. Une moitié est restée intacte dans toute sa hauteur. La moitié foudroyée a été hachée, déchiquetée en menus fragments, lancés jusqu'à cent mètres de distance. Ces fragments, qui m'ont été apportés par M. Fouché, sont tellement desséchés et filamenteux qu'on les prendrait plutôt pour du chanvre que pour du bois.

Dans la plupart des cas, l'arbre est fendu dans toute sa hauteur.

Le 5 juillet 1884, en Belgique, un peuplier, le plus gros d'un groupe d'arbres de même essence, a été foudroyé et fendu de haut en bas.

Au mois d'août 1853, sur la route de Ville-d'Avray à Versailles, un peuplier de vingt ans environ fut fendu en deux, du sommet à la base ; une des moitiés resta en place, l'autre tomba sur la route. Une ligne noire d'un millimètre de largeur occupait le centre de l'arbre.

Parfois, l'arbre est séparé en plusieurs parties par des fentes verticales. Ainsi, en 1827, près de Vicence, un poirier de trois pieds de diamètre fut fendu en quatre parties dans toute sa longueur.

Qui n'a remarqué dans les bois de gros troncs desséchés, lamentables, qui se dressent tristement comme de pauvres corps décapités ? Bien souvent, la foudre a été le bourreau de ces arbres.

Au mois de mai 1867, dans la forêt de Fontainebleau, un chêne magnifique, de deux mètres environ de circonférence, a été complètement étêté par la foudre ; sa ramure est tombée sur le sol. A partir de la fracture, le tronc, resté debout, a été écorcé jusqu'à sa base, et débité en éclats, les uns très gros, les autres très menus. Ces éclats jonchaient le sol ou étaient suspendus aux branches des arbres voisins. Quelques débris, d'assez grandes dimensions, ont été rejetés à plus de trente mètres, et ont fortement entaillé l'écorce des arbres qu'ils ont atteints.

Dans de nombreux cas, l'arbre est brisé en un ou plusieurs endroits, et les morceaux arrachés sont lancés très loin.

Le 2 juillet 1871, à la ferme d'Etiefs, près Rouvres, canton d'Auberive (Haute-Marne), la foudre est tombée sur un vieux peuplier d'Italie âgé de soixante ans, de 30 mètres de hauteur et de 3 mètres de tour à 1 mètre du sol, et lui a arraché assez de bois pour former un tas de soixante-cinq centimètres de côté et de cinquante centimètres de hauteur.

Le 17 juillet 1895, un frêne a été foudroyé sur la route de Clermont. Cet arbre de dix mètres de hauteur a été brisé à trois mètres vingt du sol, et sa tête, toujours rattachée au tronc par un lambeau, reposait sur l'accotement de la route. Des éclats larges de vingt à trente centimètres sur trois mètres cinquante de longueur ont été projetés à une distance de trente-cinq à quarante mètres, dans un champ voisin, par la violence de l'explosion.

Le 4 juillet 1884, en Belgique, un saule fut déchiqueté en une infinité de parcelles amoncelées sur le sol. En mars 1818, à Plymouth, un sapin de plus de cent pieds d'élévation et de quatorze pieds de circonférence, objet d'admiration dans la contrée, disparut, littéralement brisé en pièces. Quelques fragments furent lancés à deux cent cinquante mètres.

Un des effets les plus curieux de la foudre est de diviser l'intérieur de l'arbre en couches concentriques, s'emboîtant parfaitement les unes dans les autres, mais se séparant aussi, avec une extraordinaire netteté.

Les arbres *roulés* (ainsi sont désignés les arbres victimes de cet étrange phénomène) ne présentent, en général, aucune lésion extérieure. Mais leur corps, disséqué par le fluide électrique, succombe vite.

Un chêne de vingt-cinq mètres de hauteur ayant été frappé, le 25 août 1818, on l'arracha pour l'examiner avec soin, et l'on constata que les couches concentriques du bois se détachaient les unes des autres, comme des tubes de lunette d'approche.

Le météore creuse quelquefois au centre des arbres et de haut en bas un canal à parois noires et charbonneuses. En voici un exemple curieux :

En juin 1823, à Moisselles, la foudre frappa un gros orme et, parvenue à une loupe volumineuse, sauta sur un orme voisin, à moitié de sa hauteur, le perça de part en part, le déchiquetant en lambeaux ; le tronc était éclaté jusqu'aux racines ; il semblait avoir été percé de haut en bas par un boulet rouge qui l'aurait charbonné et brûlé.

La foudre ne joue-t-elle pas avec la vie des arbres comme avec celle de l'homme ? Elle la menace, l'altère, paraît l'épargner, revient à la charge et l'anéantit définitivement. Et ces jeux sont parfois accompagnés d'effets inimaginables.

Mais les observations sont plus éloquentes encore que toutes les réflexions : la nature, dans son muet langage, nous conte mille merveilles.

Le phénomène suivant n'est-il pas fait pour nous rendre la foudre plus mystérieuse, dans son mode d'action si fantaisiste et si varié ?

Le 19 avril 1866, la foudre frappe un chêne de la forêt de Vibraye (Sarthe), coupe cet arbre, de un mètre cinquante de circonférence, aux deux tiers de sa hauteur, broie les deux tiers inférieurs, dont les filaments sont semés à cinquante mètres à la ronde, et plante le tiers supérieur juste à l'endroit où le tronc arraché avec la rapidité de l'éclair était primitivement.

En outre, les couches concentriques annuelles ont été séparées par la dessication subite de la sève, si bien que les lanières ne sont restées soudées ensemble que là où les nœuds avaient opposé un obstacle plus grand à la séparation.

Comment la foudre a-t-elle pu enfoncer en terre, en un temps inappréciable de rapidité, le sommet de l'arbre à la place des racines? c'est ce que personne ne saurait expliquer. Elle seule est capable de créer de pareilles situations.

Mais, elle a fait mieux encore! Deux ans plus tard, en 1868, elle trouva l'occasion de jouer un bon tour à deux arbres d'essence différente, un chêne-rouvre et un pin sylvestre, qui, pourtant, sans jalousie de race, fraternisaient dans la forêt de Pont-de-Bussière (Haute-Vienne). Ces deux arbres, distants l'un de l'autre d'environ dix mètres, furent simultanément atteints par la matière fulminante, et en un clin d'œil, ils changèrent de feuilles. Les aiguilles du pin se portèrent sur le chêne, et les feuilles du chêne vinrent égayer l'austérité du pin de leur tendre verdeur. La métamorphose n'était pas banale. Aussi, tous les habitants du voisinage se portèrent-ils en foule sur la scène de ce miracle pour contempler ce spectacle peu banal d'un pin-chêne et d'un chêne-pin.

Et, circonstance inattendue, les deux arbres semblèrent se trouver fort bien de leur nouvelle condition : le pin restait agréablement orné de son feuillage estival, tandis que le chêne s'harmonisait parfaitement avec les sombres aiguilles du pin.

Après de tels phénomènes, mes lecteurs ne seront pas surpris d'apprendre que la foudre brise parfois en mille morceaux du bois vivant ou mort sans y mettre le feu.

Un fagot couché sur des chenets est, par exemple réduit en miettes par le tonnerre, sans aucune trace de combustion.

En plein champ, la foudre tombe sur une gerbe de seigle sans y mettre le feu, et va s'enfoncer dans la terre sans causer aucun dégât.

En certains cas, le fluide électrique carbonise le bois à des profondeurs variables : souvent, la couche noircie est très mince ; quelquefois, au contraire, la combustion est complète.

Quant aux feuilles, elles restent ordinairement intactes. Lorsqu'elles sont atteintes, elles se recroquevillent sur elles-mêmes ; [illegible]ne nuance automnale se substitue à leur charmante et printanière couleur verte. Alors, elles roussissent et se dessèchent promptement.

Un des arbres des Champs-Élysées ayant été foudroyé, on constata que le sol était percé tout autour de plusieurs petits trous. En trois ou quatre endroits, l'écorce était soulevée de bas en haut; les feuilles étaient jaunes et grillées par-dessous et recroquevillées comme du parchemin soumis au feu ; le côté supérieur était resté vert. Tout semblait démontrer que la foudre était partie de terre.

Quelquefois, le même effet s'observe sur les feuilles, alors que le tronc et les racines ne présentent aucune lésion. Il n'est pas rare de voir l'arbre effeuillé instantanément comme par une force mystérieuse.

La matière fulgurante agit aussi sur les racines. Nous en avons d'ailleurs parlé dans les exemples précédents. On les a vues à découvert, au milieu d'un sol bouleversé, déchirées suivant leur longueur, ou fendues en fragments plus ou moins réguliers. Plusieurs observations nous les ont montrées réduites en une infinité de petits morceaux, ou carbonisées sur une étendue plus ou moins considérable.

On voit que la foudre ne fait pas plus de manières pour aspirer de son souffle pernicieux la vie des plantes, des animaux ou des hommes. Et de même qu'elle frappe assez souvent ceux-ci de mort subite, sans laisser trace de son passage, de même elle foudroie aussi quelquefois les arbres sans leur faire aucune blessure extérieure. Parfois, la vie n'est pas complètement éteinte, et peu à peu l'arbre revient à la santé. Souvent même, la vitalité n'est pas altérée, on voit l'arbre foudroyé fructifier comme avant l'accident.

N'a-t on pas prétendu que la fulguration pouvait exercer sur les végétaux une influence bienfaisante?

Telle était d'ailleurs l'opinion des anciens.

Plutarque disait, à ce sujet, « que le tonnerre se

fait rarement entendre en hiver, et que c'est à la fréquence du tonnerre et de la pluie au printemps que l'on doit la plus grande fécondité du sol, car les pays où il pleut souvent et à bon escient au printemps, comme est l'île de Sicile, produisent beaucoup et de bien bons fruits. »

Il est prouvé, aujourd'hui, que les anciens avaient raison de préconiser l'eau de pluie comme une excellente nourriture pour les productions de la terre, et la science en a trouvé la cause dans la présence d'une grande quantité d'azote et d'ammoniaque dans les eaux d'orage et dans la grêle. Peut-être l'électricité agit-elle également.

Le 13 avril 1781, aux environs de Castres, un vieux peuplier fut décortiqué en quelques endroits. Or, peu de temps après, il entra en feuillaison, quoique les peupliers voisins fussent très en retard sur lui.

Dans les champs, les ravages causés par le météore électrique sur les plantes fourragères et légumineuses sont parfois considérables. C'est surtout sur les herbes coupées, sur les meules et les tas de foin, de seigle, etc..., que son action est le plus fréquemment constatée. Nous possédons une collection d'observations dans lesquelles des hommes ou des animaux appuyés contre une meule ont été foudroyés.

En général, la meule est incendiée ; parfois, cependant, les herbes sont simplement éparpillées et projetées à une certaine distance.

En 1888, un phénomène très curieux a été observé à Vayres (Haute-Vienne).

La foudre est tombée dans un champ de pommes de terre du village de Puytreuillard ; elle a complètement calciné plusieurs tiges de tubercules ; mais, remarque fort étrange, *les pommes de terre furent cuites à point*, comme si elles l'avaient été sous la cendre.

Une croyance très répandue dans l'antiquité, et provenant sans doute du souvenir des circonstances qui, dit-on, accompagnèrent la naissance de Bacchus, accordait à la vigne le privilège de protéger le voisinage des funestes effets de la foudre. Mais il s'agit là encore d'une légende. L'observation suivante nous le prouve :

Le 10 juillet 1884, à Chanvres (Yonne), cinquante ceps de vigne ont été grillés par la foudre.

On a supposé aussi que le fluide électrique respectait particulièrement les lis. Mais l'observation est là, qui nous montre la blanche fleur visitée par les fulgurants rayons.

C'était le 25 juin 1881, au cours d'un violent orage éclaté à Montmaurin (Haute-Garonne).

Laissons parler M. Larroque, témoin de ce curieux phénomène : « Dans une touffe de lis de mon jardin, dit-il, je vis le plus élevé d'entre eux plongé dans une lueur diffuse, violacée, qui formait une auréole autour de la corolle. Cette lueur persista huit ou dix secondes. Dès qu'elle eut cessé de paraître, je m'approchai du lis que je trouvai, à ma grande surprise, dépourvu de son pollen, tandis que les fleurs voisines en étaient chargées. Le fluide électrique aurait donc disséminé ou emporté le pollen. »

Jupiter tonnant semble encore dominer notre monde comme au temps où fleurissaient les gracieuses légendes de la mythologie.

Et, non seulement il agit à la surface du globe,

mais, contrairement encore à l'opinion des anciens, son influence s'étend dans l'intérieur du sol.

Le 5 juillet 1755, un grand nombre d'ouvriers travaillaient dans les mines de Himmelsfurth. Ils étaient, comme il arrive souvent, dispersés le long du filon, et ne songeaient nullement aux événements qui pouvaient se passer à la surface de la terre. Tout à coup, ils reçurent des secousses très violentes, réparties de la façon la plus bizarre, la plus désordonnée. Quelques-uns éprouvèrent un choc dans le dos, tandis que leurs voisins recevaient des coups dans les bras ou dans les jambes. On eût dit qu'ils étaient secoués par une main invisible, mystérieuse qui sortait tantôt du sol, tantôt du plancher, tantôt des parois des galeries. Un de ces mineurs se sentit précipité contre le mur : deux autres qui se tournaient le dos faillirent en venir aux mains. Chacun croyait avoir reçu un grand coup de son camarade...

Le coupable était le tonnerre, et c'est à lui qu'il eût fallu demander raison de ces étranges effets.

Voici un autre exemple qui corrobore le précédent :

Le 25 mai 1845, le guetteur, placé en sentinelle à l'entrée d'un des puits d'une des principales mines de Freyberg, aperçut une lueur fulgurante se précipiter sur la corde en fil de fer qui descend au fond de la mine et sert aux ouvriers pour échanger des signaux avec les employés qui dirigent les machines élévatoires. Cette subite clarté projeta sa lumière dans tout le puits. Au même moment, le guetteur du bas vit une flamme claire, vive et soudaine sortir de l'autre extrémité de la chaîne. Cette fois, la foudre s'écoula sagement et se répandit dans la mine sans infliger à personne la moindre secousse.

Vainement, le monstre Tibère, l'infâme Caligula cherchaient dans les souterrains un refuge contre la foudre. Leur conscience impure, chargée de crimes, redoutait le châtiment du ciel. En fuyant l'éblouissement de l'éclair, ils se croyaient à l'abri de la mort. La foudre poursuit sa route sous nos pas, et elle agit encore là où les criminels cachés se croient en sûreté. On conçoit que les anciens aient quelquefois redouté en elle un instrument de la justice céleste.

La foudre frappe le sol ordinairement par un coup vertical, mais aussi parfois obliquement et en traçant de longues lignes horizontales. Souvent on voit le sol soulevé au pied des arbres foudroyés, le gazon est arraché, les pierres sont projetées à une grande distance. On remarque aussi quelquefois près des corps foudroyés une excavation dans le sol, un trou d'une largeur et d'une profondeur variables. Cette ouverture est tantôt hémisphérique, tantôt en entonnoir.

Dans un cas observé le 6 juin 1883, à la Côte (Haute-Saône), on a vu un trou circulaire de 1 m. 20 creusé dans une tranchée, sur le talus de la route, au-dessous d'un chariot non atteint.

Parfois, ce trou n'est que le commencement d'un canal creusé assez profondément et perpendiculairement dans le sol, et dont les parois servent souvent de fourreau à un fulgurite. Mais avant de parler des tubes fulminiques qui constituent un des phénomènes les plus curieux de la foudre dans la terre, nous ne passerons pas sous silence certains effets remarquables observés à la surface du sol.

En tombant sur les roches solides, l'étincelle électrique peut les briser, les couper ou les percer dans un ou plusieurs endroits. Souvent, au lieu de les détériorer, de retrancher des morceaux de pierre, elle couvre instantanément leur surface d'un enduit vitreux, de bulles noirâtres ou verdâtres, de différentes couleurs. Cette vitrification a été fréquemment observée sur les montagnes.

De Saussure a trouvé sur le Mont-Blanc des rochers d'amphibole schisteux, recouverts de bulles vitreuses semblables à celles observées sur les tuiles foudroyées. Humboldt a fait les mêmes remarques sur des roches porphyriques au Névado de Toluca, au Mexique, et Ramond, à la roche Sanadoire, dans le Puy-de-Dôme.

Dans ces cas-là, l'étincelle, en atteignant le sol, fond plus ou moins complètement sa surface dans une étendue variable, et cette fusion, opérée par une chaleur fantastique, produit un enduit d'un aspect spécial mais dans lequel l'analyse microscopique retrouve les éléments du corps qu'il recouvre.

Ainsi, la couche vitreuse déposée sur un calcaire est d'origine calcaire, sur un granit, elle est d'essence granitique, etc...

Il n'en est pas de même de certains dépôts retrouvés sur des roches et même sur des arbres foudroyés, et qui, par leur nature, sont très différents des précédents.

Tandis que les premiers ne sont qu'une décomposition, une vitrification de la pierre atteinte par la foudre, les seconds proviennent de corps étrangers dont quelques particules, détachées par le rayon fulgurant, voyagent avec lui. D'ailleurs, ce transport de substance solide par la foudre a été maintes fois observé. Voici deux exemples de cet étrange phénomène :

Le 28 juillet 1885, à la sortie de Luchon, sur la

route de Bigorre, un passant vit tomber la foudre à 20 mètres de lui. Remis de la commotion, il alla par curiosité regarder l'effet produit par la foudre et vit sur le mur longeant la route, sur les schistes, sur les calcaires et sur les arbres eux-mêmes, des enduits de couleur brune. Il s'agit certainement là d'un apport effectué par la foudre. Cet enduit était fort curieux. Il se laissait rayer à l'ongle, se pulvérisait sous une pression très faible, se ramollissait sous une simple friction, s'enflammait au feu d'une bougie et dégageait alors une odeur résineuse et beaucoup de fumée. Qu'est-ce que cette matière résineuse ? C'est ce que nul ne peut encore dire.

Au mois de juillet 1885, le lendemain d'un violent orage qui avait frappé le bureau télégraphique de la station de Savigny-sur-Orge, j'ai recueilli moi-même, sur les montants en bois de l'appareil, une petite poudre noire d'une odeur sulfureuse, que le coup de foudre y avait laissée.

Souvent, on a attribué aux bolides la provenance de cette matière pondérable, mais l'observation directe prouve bien que l'électricité est le véhicule des diverses substances solides retrouvées sur la terre après l'orage.

Le tonnerre est aussi le doyen des verriers. Longtemps avant que parussent les peuples de l'antiquité la plus reculée, dont les verreries, patinées par les siècles de tons merveilleux et irisés, sont retrouvées par les fouilles scientifiques et exposées dans les musées nationaux ; longtemps avant que l'homme eût appris à faire usage des ressources de la nature, la foudre, en s'enfonçant dans le sable, façonnait des tubes de verre aux reflets d'opale, et désignés sous le nom de fulgurites.

Les anciens semblent avoir connu l'existence de ces tubes fulminaires, mais c'est à Hermann, pasteur de Massel, en Silésie, que l'on doit de posséder la première description précise et le premier échantillon de ces extraordinaires vitrifications. Ce fulgurite, découvert en 1711, appartient au musée de Dresde.

Depuis cette découverte, on a cherché et trouvé de nombreux spécimens de fulgurites. Ces tubes, rétrécis à leur partie inférieure où ils se terminent en pointe, se rencontrent dans les terrains sablonneux.

Leur diamètre varie de 1 à 90 millimètres, et l'épaisseur de leurs parois, d'un demi à 24 millimètres. Quant à leur longueur, elle dépasse quelquefois 6 mètres.

Vitrifiés en dedans, ils sont couverts, en dehors, de grains de sable agglutinés et qui paraissent arrondis, comme s'ils avaient subi un commencement de fusion. Leur couleur dépend de la nature des couches sablonneuses dans lesquelles ils ont été formés. Où le sable est ferrugineux le fulgurite prend une teinte jaunâtre ; mais il est presque incolore ou même blanc quand le sable est d'une grande pureté.

Ordinairement, les fulgurites pénètrent verticalement dans la terre. Cependant, on en a rencontré qui avaient une direction oblique. Parfois aussi, ils sont sinueux, tortueux ou presque en zigzag quand ils rencontrent des cailloux d'un certain volume.

Il n'est pas rare qu'à quelque distance souterraine le tube fulminaire se divise en deux ou trois branches, dont chacune donne naissance à de petits rameaux latéraux longs de 2 à 30 centimètres et terminés par des pointes.

On observe aussi des fulgurites pleins et des fulgurites en feuillets. Les premiers possédaient sans doute à l'origine un canal qui a été bouché par la matière en fusion. Les seconds, au lieu d'être allongés en cylindre, sont disposés en couches minces semblables aux feuillets d'un livre.

Le musée scientifique de l'Observatoire de Juvisy possède un très curieux fulgurite qui m'a été offert il y a quelques années par M. Bernard d'Attanoux et trouvé par lui au Sahara. Ce n'est pas un tube terminé en pointe. La foudre, en pénétrant dans le sable, l'a vitrifié sur son passage, et s'est écoulée irrégulièrement dans trois directions principales. On dirait une scorie formée par la juxtaposition irrégulière et chiffonnée de trois lames de sable vitrifié qui se seraient collées en laissant à leur axe central vertical une étroite ouverture. Ce fulgurite, extrêmement léger, mesure 6 centimètres de longueur. Il a été trouvé dans le sable du Grand-Erg, à quelques centimètres de profondeur.

On est parvenu à reproduire, à l'aide de la foudre de nos machines, des fulgurites en miniature. En faisant passer un fort courant dans du sable rendu fusible par une addition de sel ordinaire, on obtient une vitrification complète sur un tube de quelques millimètres.

CHAPITRE VIII

EFFETS DE LA FOUDRE SUR LES MÉTAUX, LES OBJETS, LES MAISONS, ETC.

Lorsque la foudre descend sur la terre, elle va droit aux métaux. Leur parfaite conductibilité les place au premier rang parmi les corps conducteurs, et les innombrables cas de fulguration auxquels ils sont associés leur ont acquis une certaine célébrité dans les annales du tonnerre.

On connaît, en effet, la prédilection de l'étincelle pour les métaux ; on sait qu'elle éprouve une véritable passion pour les clous, les fils de fer, les cordons de sonnette ; qu'elle raffole des gouttières, des tuyaux de plomb et des fils télégraphiques, qu'elle est très « femme » dans son adoration pour les bijoux qu'elle subtilise parfois avec une dextérité vraiment fantastique.

Quelquefois, la foudre dévie de sa route et exécute des bonds d'acrobate, des cabrioles féeriques pour rejoindre les objets qu'elle convoite.

Le 24 avril 1842, elle atteignit l'église de Brexton, se jeta d'abord sur la croix du clocher, en parcourut la tige; mais arrivée à la maçonnerie qui la supportait, elle la mit en pièces, puis, d'un saut, elle vint tomber sur un second conducteur dont le support fut également brisé. Enfin, elle atteignit un troisième conducteur placé beaucoup plus bas.

Le fluide va souvent chercher des métaux cachés sous des corps mauvais conducteurs qu'elle brise ou perfore. Elle évite le matelas pour suivre le fer du lit, se détache des fenêtres pour glisser sur les tringles des rideaux ou sur le plomb des châssis. On l'a vue perforer des murs épais pour atteindre des pièces métalliques cachées derrière eux.

Nous avons déjà cité le cas d'une femme qui, sans être tuée, a eu sa boucle d'oreille fondue. Or, nous possédons un certain nombre d'exemples analogues à celui-là.

Le 1er juin 1809, dans un pensionnat de jeunes filles, à Bordeaux, la foudre fondit une chaîne d'or portée au cou par l'une des dames du pensionnat, et laissa à sa place une ligne noire, dentelée, qui ne tarda pas à s'effacer.

La dame foudroyée se réveilla au bout de six heures, mais n'eut aucun mal.

Sa chaîne, mince, formant trois rangs et portée autour du cou, avait été divisée en cinq portions. Certains fragments présentaient des signes de fusion, et avaient été transportés au loin.

D'autres exemples, accompagnés de circonstances plus dramatiques, montrent aux dames les dangers de la coquetterie.

Le 21 septembre 1901, au cours d'un violent orage éclaté sur la région de Narbonne, la foudre vint tomber au domaine de Castelou. Une jeune fille de quatorze ans fut frappé mortellement par le météore. Le collier d'or qu'elle portait au cou fut entièrement volatilisé. On n'en trouva plus trace.

Il n'est pas rare de voir des chaînes de montre brisées, fondues, partiellement ou totalement, dans la poche qui les contient.

Ainsi, la foudre fondit en un seul morceau la chaîne et la montre dans la poche d'un homme tué à bord d'un bateau passager.

Les bracelets, les épingles à cheveux et même les pierres précieuses, subissent parfois des altérations fort étranges.

Quant aux montres, sans parler de l'aimantation maintes fois constatée après une violente décharge électrique, on a souvent remarqué une modification dans leur mouvement. En certains cas, elles s'arrêtent net et marquent l'instant précis du coup de tonnerre qui les a immobilisées.

Le navire l'*Eagle* ayant été foudroyé, aucun des passagers ne fut blessé, mais toutes leurs montres s'arrêtèrent au moment même du choc.

D'autres fois, le mécanisme présente des particularités absolument inexplicables. L'observation suivante, rapportée par Biot, en est un exemple curieux.

Un jeune homme fut légèrement atteint par la foudre dans la rue de Grenelle-Saint-Germain. Sa montre n'offrait aucun signe extérieur de détérioration, mais bien qu'il ne fût que onze heures un quart, les aiguilles marquaient quatre heures trois quarts.

Convaincu de la nécessité d'une réparation, le jeune homme déposa sa montre sur sa table en se proposant de la porter chez l'horloger ; mais, le lendemain, s'étant avisé de la remonter pour vérifier jusqu'à quel point elle était détraquée, il vit avec stupéfaction les aiguilles se remettre en mouvement avec une marche très régulière.

En quelques cas, la montre est gravement détériorée extérieurement, mais son mécanisme n'est pas troublé pour cela.

Un homme portait une montre d'or à double cuvette, suspendue à une chaîne d'argent. La chaîne fut brisée et quelques anneaux soudés ensemble. La cuvette avait été perforée, l'or fondu s'était répandu dans la poche. La montre elle-même n'avait subi aucune altération.

Mais si la foudre suspend parfois la marche des montres, elle produit aussi l'effet contraire.

Beyer rapporte que l'étincelle foudroyante ayant pénétré dans une chambre, et enfoncé l'angle d'une glace, remit en marche une montre arrêtée depuis longtemps.

Je trouve dans mes documents de 1866 la note suivante : « M. Coulvier-Gravier, directeur de l'Observatoire météorique du palais du Luxembourg, m'a raconté hier que le dimanche 8 avril, à 9 heures 35 minutes du soir, une montre (remontée), qui était arrêtée depuis une huitaine de jours, s'est spontanément remise en marche au moment où la foudre tombait sur le paratonnerre du Luxembourg situé au-dessus des appartements. »

Assez fréquemment, le boîtier reçoit de graves lésions : le métal est dépoli, fondu, perforé ou même broyé, sans aucune trace de fusion.

Ce dernier cas est rare ; cependant, en voici un exemple :

Au mois de juin 1853, un homme d'Aigremont

ayant été tué par la foudre, sa montre en argent fut trouvée dans son gousset entièrement broyée.

Enfin, un des effets les plus communs du foudroiement des montres, est l'aimantation à laquelle sont soumises les différentes pièces d'acier. Nous possédons un nombre considérable d'observations dans lesquelles on constate ces propriétés magnétiques. Dans un cas, le balancier eut ses pôles si bien définis que, placé sur un flotteur, il put servir de boussole.

Notons, en passant, que les pendules et les horloges sont souvent aussi endommagées par l'étincelle. Elle leur fait subir fréquemment une torsion assez énergique des aiguilles ou de la tige destinée à mettre la sonnerie en mouvement; ou bien encore, elle fond totalement ou partiellement les rouages.

On se fait difficilement une idée de la variété d'action de la foudre : ici, elle s'abat comme un torrent de feu, là, elle se fait toute mignonne pour passer par de très petites ouvertures.

Ne va-t-elle pas jusqu'à s'insinuer sous le corset des femmes, fondre le busc et les petites boules qui servent à l'agrafer?

Elle s'attaque aussi aux différentes pièces métalliques qui ornent les vêtements, aux boucles de souliers, aux boutons, etc.

Les clefs sont généralement fort maltraitées par le feu du ciel; elles sont tordues, brisées, fondues ou soudées à l'anneau qui les retient.

Le 12 mai 1890, un habitant de Troyes rentrait chez lui au milieu d'un violent orage. Au moment où il plaçait sa clef dans la serrure, les blanches lueurs d'un éblouissant éclair l'environnent, l'anneau qui réunissait ses clefs est brisé dans sa main, et elles vont s'éparpiller sur le palier.

Parfois aussi, des ciseaux, des aiguilles, etc... sont enlevés des mains des travailleuses et transportés à une certaine distance... lorsqu'ils ne sont pas vaporisés.

A Saint-Dizier (Haute-Marne), en juillet 1886, la foudre est tombée sur l'atelier de M Penon, chaînetier. Cinq ou six ouvriers achevaient leur travail et se disposaient à sortir.

Entré par la fenêtre près de laquelle travaille habituellement M. Penon, qui était alors absent, le fluide est allé raser le soufflet qui se trouve en face et en enlever une partie que l'on croirait coupée au couteau. Filant ensuite à gauche, en passant derrière un ouvrier chaînetier qui a ressenti une violente commotion, il est passé sur un tas de chaînes qu'il n'a pas beaucoup endommagé. Seulement toutes les mailles d'une chaîne d'un mètre environ ont été soudées les unes aux autres ; la chaîne entière semble galvanisée et la soudure cède difficilement sous l'effort de la main. Des morceaux de fers coupés et préparés pour la fabrication se sont trouvés croisés et soudés dans les mêmes conditions. Enfin, la foudre a enlevé les cercles de fer d'un baquet et est revenue sur elle-même, en brisant un morceau de bois d'un établi, pour sortir par la partie inférieure d'une paroi dont la maçonnerie est enlevée sur une longueur de cinquante centimètres.

Très souvent, la foudre fait concurrence aux plus habiles ouvriers ébénistes : des clous en fer ou en cuivre doré sont arrachés d'un meuble avec une adresse absolument merveilleuse, sans nul dommage pour l'étoffe qu'ils fixaient. Ordinairement, ils sont lancés au loin. Voici deux exemples de ce curieux phénomène :

Le 23 septembre 1824, la foudre pénétra dans une

maison de Campbeltown ; les clous en cuivre des chaises furent enlevés très exactement sans que l'étoffe fût abîmée. Les uns furent transportés dans le coin d'une caisse placée à l'extrémité opposée de la chambre, d'autres, fixés sur ses parois si solidement qu'on eut beaucoup de peine à les en arracher. (HOWAR.)

Une autre fois, aux environs de Marseille, la foudre s'est glissée le soir, on pourrait dire comme un voleur, dans un salon, et a escamoté tous les clous d'un canapé recouvert de satin. Puis elle est repartie par le tuyau de la cheminée qui lui avait donné entrée. Quant aux clous, ils furent retrouvés par hasard, deux ans après, *sous une tuile !*

Des serrures, des vis, des boutons de porte, sont fréquemment arrachés par le fluide.

Quelquefois, des objets métalliques de dimensions beaucoup plus considérables, comme des fourches ou des instruments de culture, subissent le même sort. Violemment enlevés des mains de leurs propriétaires, ils entreprennent un voyage aérien sur les ailes incandescentes de la foudre courroucée.

D'ailleurs, on a maintes fois signalé aux travailleurs des champs le danger auquel ils s'exposent en portant sous un ciel orageux leur outil de travail la pointe en l'air. Chaque année, les mêmes accidents se reproduisent en des circonstances identiques.

Le fluide sollicité par la pointe métallique qui agit à la manière d'un petit paratonnerre s'élance des nuées sur ce centre d'attraction et s'écoule dans le réservoir commun par l'intermédiaire du corps de l'homme qui joue le rôle de conducteur.

Deux cultivateurs étaient occupés à répandre du fumier dans un champ, lorsque survint l'orage.

C'était au commencement de mai 1901. Obligés d'abandonner leur travail, ils songèrent à rentrer chez eux, portant chacun sur l'épaule une fourche américaine. Ils n'étaient plus qu'à 150 mètres du village lorsqu'une formidable déflagration se produisit au-dessus d'eux. Au même moment, les deux cultivateurs tombaient pour ne plus se relever.

En 1903, j'ai noté plusieurs cas de ce genre parmi lesquels je signalerai les deux suivants :

Le 2 juin, un cultivateur du hameau du Pair, commune de Taintrux (Vosges), âgé de 43 ans, aiguisait une faux dans un verger attenant à sa maison. Soudain, un formidable coup de foudre éclate, et le malheureux tombe raide mort.

Le lendemain, dans la même région, à Uzemain, non loin d'Epinal, un jeune homme, âgé de dix-huit ans, allait chercher de l'herbe dans la campagne. Tout à coup, il fut foudroyé ainsi que son cheval qu'il tenait par la bride. Ce malheureux avait commis l'imprudence de placer sa faux la pointe en l'air, sur la voiture.

Le 27 mai 1904, dans les Vosges, la foudre est tombée sur un cultivateur, Cyrille Bégin, qui conduisait une charrue attelée de quatre chevaux. Le malheureux a été foudroyé ainsi que deux des chevaux de son attelage.

Quelques auteurs ont attribué aux parapluies une double influence préservatrice : la première, incontestable, est de nous garantir de l'eau des nuées ; la seconde, plus douteuse, aurait la vertu de nous protéger dans une certaine mesure des coups du météore foudroyant. La soie ayant le don d'inspirer une véritable répulsion au tonnerre, on pourrait croire effectivement que les parapluies, dont l'enveloppe est souvent faite de ce tissu, sont d'excellents protecteurs contre le feu du ciel. Mais les observations que nous possédons ne sont pas concluantes ; si, parfois, la décharge divisée par les « baleines en fer » s'échappe en aigrettes par les pointes de la monture, il arrive fort souvent aussi qu'elle suit les parties métalliques du manche pour se jeter sur les pièces en métal des vêtements du foudroyé et enfin qu'elle s'écoule dans le sol par le corps l'homme.

Le 13 juillet 1884, dans la province de Liège, un homme et une femme abrités sous le même parapluie ont été atteints par la foudre. L'homme a été tué net. Ses vêtements étaient en lambeaux, et les semelles de ses chaussures arrachées. Sa pipe a été projetée à trente mètres, avec les fleurs artificielles du chapeau de sa compagne. Celle-ci, qui portait le parapluie, a été fortement étourdie.

A une époque de l'année où, généralement, on ne redoute guère les coups de foudre, le 9 décembre 1884, deux hommes marchant de chaque côté d'un écolier qui tenait un parapluie ouvert, ont été tués par la foudre. L'enfant a été simplement renversé et en a été quitte pour quelques blessures peu graves.

Dans ces deux cas, la personne qui portait le parapluie a eu le moins à souffrir de la décharge électrique, mais cependant, elle n'a pas été complètement épargnée. On remarque aussi que les principales victimes étaient placées juste sous les pointes de la monture et que, selon toute probabilité, l'électricité s'est écoulée par ces pointes.

La fusion des métaux est un des actes les plus ordinaires de la foudre ; elle a été parfois constatée sur des masses considérables.

Le 20 avril 1807, une décharge fulgurante frappa le moulin à vent de Great-Marton, dans le Lancashire. Une grosse chaîne en fer qui servait à hisser le blé dut être, sinon fondue, du moins considérablement ramollie. En effet, les anneaux, étant tirés de haut en bas par le poids inférieur, se rejoignirent, se soudèrent de manière qu'après le coup de foudre, la chaîne était devenue une véritable barre de fer.

On se demande comment cette fusion, vraiment formidable, a pu s'opérer dans le temps si court du passage de l'étincelle qui s'enfuit, on peut le dire, avec la « rapidité de l'éclair. »

Quelle force magique donne au trait de feu échappé du nuage le pouvoir de transformer l'air en une véritable forge où des kilos de métal se volatilisent, en un millième de seconde !

De gros tuyaux de plomb fondent comme un morceau de sucre dans un verre d'eau, et laissent échapper leur contenu.

Dernièrement, à Paris, le 19 juin 1903, la foudre pénétrait intempestivement dans une cuisine, et fondait les conduites de gaz, déterminant ainsi un commencement d'incendie.

Une autre fois, le météore ayant pénétré dans l'atelier d'un serrurier mécanicien, des limes, des burins, etc..., suspendus au râtelier, le long de la muraille, ont été soudés par la virole en fer de leur manche aux clous où ils touchaient, de manière à ne pouvoir les arracher sans effort.

Le 16 juillet 1750, une maison de Dorkin, canton de Sussex, reçut la visite de la foudre. Des clous, des clavettes et divers autres petits objets furent soudés ensemble, en groupes de six, sept, huit ou dix, comme si on les eût jetés dans un métal en fusion.

« L'argent se fond sans que la bourse soit endommagée, dit Sénèque, l'épée se liquéfie dans le fourreau demeuré intact. Le fer des javelots coule le long du bois qui ne subit aucune altération. »

Nous pouvons ajouter d'autres exemples non moins inouïs à l'énumération du précepteur de Néron.

Un fil de fer de chapeau se volatilisa sans que le papier gris qui l'entourait fût brûlé.

Des couteaux et des fourchettes furent fondus superficiellement sans que la toile d'emballage qui les recouvrait eût à souffrir le moins du monde de la présence du fluide.

Ce sont là des procédés d'une délicatesse exquise; il est regrettable que le tonnerre n'opère pas toujours de cette façon.

Les fils de fer et particulièrement les cordons de sonnette présentent à la foudre un champ de manœuvre excessivement agréable, si l'on s'en rapporte à la fréquence de leur foudroiement.

Parfois, au milieu d'un orage épouvantable, la sonnette d'une porte s'agite fébrilement. Le portier affolé se précipite pour ouvrir au visiteur pressé, mais, pour toute réponse, il reçoit une salve de coups de tonnerre. La main mystérieuse et invisible qui a fait vibrer le timbre est déjà loin... mais elle a laissé son empreinte sur la sonnette, puis, le rayon qui la guidait a suivi le fil métallique dans tous ses circuits, en passant par des trous de la grosseur d'une tête d'épingle. Souvent, les fils sont fondus en globules, et ceux-ci se répandent en fines gouttelettes projetées de tous côtés.

L'abbé Richard a vu des globules d'un fil de fer de sonnette qui étaient tombés dans des tasses à café, et faisaient corps avec la porcelaine sans qu'elle en fût autrement altérée.

Les fils métalliques qui soutiennent les espaliers et les vignes sont quelquefois compromettants pour la sûreté de leur voisinage, surtout lorsqu'ils aboutissent dans les maisons.

Sans renoncer aux pêches succulentes ni aux chasselas dorés qui s'étayent sur les espaliers, on devrait toujours s'arranger de telle sorte que ces fils, au cas où ils serviraient de conducteurs à la foudre, ne la dirigeassent pas dans les habitations.

Au mois d'août 1868, dans une ferme des montagnes du Lyonnais, la foudre tomba à une distance d'environ 15 mètres du logis où quatre personnes se trouvaient réunies ; mais, conduite par le fil de fer qui soutenait le treillage d'une vigne, le météore le suivit jusqu'à la maison et renversa les quatre personnes [1].

On pourrait croire aussi que la foudre prend un certain plaisir à contempler ses formes fugitives et diaphanes dans les glaces suspendues pour l'ornement des salons.

En 1889, une foudre très coquette se précipita sur un miroir en pratiquant au cadre doré plus de dix ouvertures. Puis, elle volatilisa l'or, et le transporta sur la face antérieure de la glace, tandis que sur la face postérieure argentée, la volatilisation de la couche même de l'argent a produit les plus belles figures électriques.

[1] Voir aussi, au dernier chapitre, à propos du danger des fils de fer, le cas du trappiste foudroyé.

Parfois, le tain ou les morceaux de verre fondu sont lancés au loin. Quelquefois aussi, la fusion des glaces est si complète que les débris déformés pendent comme de petites stalactites.

Quant aux dorures des cadres, elles sont souvent détachées avec soin par la foudre, et, transportées à une certaine distance, elles vont dorer des objets qui n'étaient nullement destinés à recevoir ce genre d'ornementation.

Il en est de même des dorures des cadrans d'horloges, des corniches, des ornements d'église, etc...

Les exemples de cette catégorie de faits sont innombrables. En voici quelques-uns :

Le 15 mars 1773, la foudre parcourt à Naples les appartements de lord Tylney qui avait réception ce soir-là. Plus de 500 personnes étaient présentes ; sans en blesser aucune, le tonnerre enleva nettement la dorure des corniches, des baguettes des tapisseries, des fauteuils qui y touchaient et des jambages des portes ; puis elle répandit son butin en fine poussière d'or sur les tables et les vêtements des invités.

Le 4 juin 1797, la foudre tomba sur le clocher de Philippshofen, en Bohême, enleva l'or du cadran pour aller dorer le plomb de la fenêtre de la chapelle.

En 1761, elle pénétra dans l'église du collège Académique de Vienne, et prit l'or de la corniche d'une colonne de l'autel pour le déposer sur une burette d'argent.

Du reste, la foudre semble se soustraire difficilement à l'attraction des dorures. On raconte que lors du foudroiement d'une maison, rue Plumet, à Paris, en 1767, entre plusieurs cadres accrochés dans une chambre, l'étincelle ne se porta que sur un seul qui était doré. Tous les autres ne furent point touchés.

En dépit de ses allures d'extraordinaire indépendance, la foudre n'agit pas aussi librement qu'on serait tenté de le croire : elle obéit à certaines lois encore indéterminées, et ses gestes, en apparence désordonnés et capricieux, ne sont pas le résultat de circonstances fortuites : le hasard sert de refuge à notre ignorance, mais pas plus que nous, il n'explique ces phénomènes fantastiques.

Pourquoi certains corps, organisés ou non, sont-ils visités à plusieurs reprises par la foudre ? Il n'est pas besoin de recourir à la magie pour l'expliquer. C'est simplement parce qu'ils présentent au fluide une conductibilité favorable.

Un des exemples les plus connus de ce genre est celui de l'église d'Antrasme.

En 1752, elle fut atteinte par la foudre. Celle-ci fondit les dorures des cadres des tableaux qui ornaient le sanctuaire, noircit le contour des niches à saints, grilla les burettes d'étain qui étaient rangées dans une armoire de la sacristie ; puis enfin, elle pratiqua dans le fond d'une chapelle latérale deux trous très réguliers par lesquels elle s'échappa. On s'empressa de faire disparaître la trace de ce sinistre. Or, douze ans plus tard, le 20 juin 1764, la foudre revint à la charge. Elle pénétra donc une seconde fois dans l'église, mais le fait le plus remarquable est qu'elle y produisit des dégâts identiques à ceux occasionnés par sa première visite. De nouveau, les cadres des tableaux de sainteté furent dédorés, le tour des niches à saints, noirci, les burettes d'étain furent grillées et les deux trous de la chapelle furent débouchés. Quel démon guidait la foudre dans ces scènes de pillage ? La suite de l'histoire nous l'apprend.

Peu de temps après le second accident, l'usage du paratonnerre se répandait dans le monde entier. On mit l'édifice sous la protection d'une barre de fer selon les principes de Franklin... et depuis lors, la foudre laissa les fidèles prier en paix dans le sanctuaire, plus jamais le tonnerre ne revint profaner l'église d'Antrasme.

Les faits de ce genre sont assez fréquents ; ils permettent de comprendre les soi-disant préférences de la foudre. Nous verrons au dernier chapitre de curieux cas de « galvanoplastie » de la nature du suivant ; entr'autres celui d'une pièce d'or argentée dans un porte-monnaie par de l'argent pris aux pièces voisines, à travers la peau des compartiments.

Quel tour de prestidigitation ! Sur la scène de nos music-halls, ce numéro-là aurait un beau succès.

Mais nous n'avons pas dit notre dernier mot sur la foudre... Quelques mots encore.

Un des effets les plus curieux produits sur les métaux, c'est la polarité magnétique qu'elle communique à des objets de fer et d'acier, quels qu'ils soient. Nous en avons déjà cité un exemple remarquable dans un cas de foudre ascendante.

Un tailleur fut légèrement atteint par l'étincelle ; le lendemain de l'accident, il trouva ses aiguilles aimantées : elles ne sortaient de leur étui qu'en adhérant fortement les unes aux autres.

On cite même un cas où l'aimantation était si forte que certains objets foudroyés étaient capables de soulever trois fois leur poids.

Cette aimantation est presque toujours temporaire. Pourtant on connaît quelques exemples d'objets ayant conservé définitivement les propriétés magnétiques qu'ils avaient acquises au moment du foudroiement. Et l'on comprend la terreur qu'inspire la foudre aux esprits incultes, quand, après le passage du météore, on voit des objets vulgaires subitement animés d'une vie fantastique, de fines aiguilles attirer et soulever des corps beaucoup plus gros qu'elles, et communiquer une agitation fébrile aux particules de fer ou d'acier placées dans leur voisinage.

Au temps où la sorcellerie était un article à la mode, et où la foudre était, selon les croyances populaires, au service du ciel et de l'enfer, ces curieux phénomènes devaient vivement impressionner les esprits. Mais aujourd'hui, la sorcellerie est tombée en désuétude : l'aimantation des corps métalliques, même lorsqu'elle est provoquée par la foudre, est chose trop connue pour qu'on lui attribue quelque lien avec Satan.

Et cependant, les jeux de l'électricité sont bien extraordinaires :

Au mois de juin 1873, le fluide électrique pénètre dans la boutique d'un boucher, suit tout naturellement les armatures de fer auxquelles étaient accrochés les quartiers de viande. A l'un de ces crochets, était attaché un bœuf entier. Or, l'animal écorché fut galvanisé par le courant électrique et pendant quelques instants on le vit se livrer aux plus effroyables contorsions.

Une autre fois le 28 juin 1879, un concierge de l'avenue de Clichy balayait sa cour lorsque la foudre éclate à 1 mètre au-dessus de lui. Le pauvre homme en est quitte pour la peur. Le fluide remonte par le tuyau des eaux ménagères et entre dans un appartement où il brise les glaces et une pendule, endommage le plafond, et s'esquive par la fenêtre en cassant les carreaux. A l'étage supérieur, il pénètre dans un logement occupé par deux vieilles femmes chez lesquelles il produit les dégâts suivants : l'une d'elles tenait à la main un bol de lait, le fond du bol est rasé, et le liquide se répand sur le parquet ; des pièces de monnaie qui se trouvaient dans une sébile disparurent sans qu'on pût les retrouver. La pendule fut arrêtée à six heures trente minutes ; le balancier était décroché, et dans le globe de verre, la foudre avait percé un trou de la grandeur d'une pièce de 5 francs.

Enfin, une femme couchée au même étage a vu son lit fendu en deux par la foudre qui est allée se perdre dans le mur. Aucune de ces personnes n'a été blessée.

Du reste, en général, lorsque le tonnerre pénètre dans les maisons, quoiqu'il y produise souvent des dégâts considérables, il épargne presque toujours les personnes qui s'y trouvent : c'est là qu'on est le plus en sûreté.

Parfois, les murs sont percés ou simplement creusés ; cette perforation des murailles est même un des effets les plus communs du météore sur les bâtiments.

L'épaisseur des murs perforés est très variable.

Au château de Clermont en Beauvaisis, il y avait un mur légendaire, formidable, de dix pieds d'épaisseur, bâti du temps des Romains, selon la tradition, et dont le ciment, aussi dur que la pierre, permettait à peine la démolition. « Un jour, dit Nollet, un coup de foudre l'atteignit et y creusa instantanément un trou de deux pieds de profondeur et d'autant de largeur, en rejetant les matériaux à plus de cinquante pieds de distance en avant. »

Le 17 juin 1883, à Louvemont (Haute-Marne), le mur épais de cinquante-cinq centimètres d'une chambre à four est percé par la foudre.

L'église de Lugdivan fut atteinte par la foudre en 1761. On observait sur le mur deux sillons semblables à ceux d'une charrue.

Un des actes les plus formidables de la foudre est de lancer avec violence à de grandes distances des masses considérables de pierres, de moellons, brisés ou intacts. Ce terrible phénomène nous fournit de nombreux exemples ; en voici quelques-uns :

Le 23 août 1853, le tonnerre tombe sur le clocher de Maison-Ponthieu ; l'explosion disperse les ardoises et les planches de la toiture et lance à plus de 20 mètres une pierre mesurant trente-cinq centimètres. Des moellons pesant plus de *quarante livres* furent arrachés et lancés presque horizontalement à une distance de trente pieds contre un mur opposé.

A Fuzie-en-Fetlar (Ecosse), vers la fin du dix-huitième siècle, la foudre brisa, en deux secondes au plus, une roche de micaschiste de cent cinquante pieds anglais de long, de dix de large, et, sur quelques parties, de quatre d'épaisseur ; elle la divisa en grands fragments. Un de ces fragments, qui mesurait vingt-six pieds anglais de long sur dix de large et quatre d'épaisseur, tomba à vingt centimètres et roula à terre. Parfois d'énormes pierres sont projetées en différentes directions :

En 1762, la foudre tomba, en Angleterre, sur le clocher de l'église de Breag, dans le Cornouailles, brisa le pinacle en maçonnerie de cet édifice, et en jeta une pierre, d'un quintal et demi au moins, sur le toit de l'abside, dans la direction du sud, à la distance de cinquante-cinq mètres.

Dans la direction du nord, on trouva une autre très grosse pierre, à 365 mètres environ du clocher, et une troisième plus volumineuse encore, au sud-est de l'église.

A cette brutalité excessive, la foudre joint, en certains cas, une adresse fantastique. Ainsi, on l'a vue déplacer un mur, tout d'une seule pièce, sans le briser dans aucune de ses parties. Voici comment on raconte cet extraordinaire tour de force :

Le 6 août 1809, à Swinton, près Manchester, pendant une pluie torrentielle, la foudre infecte tout à coup de vapeur sulfureuse un bâtiment en briques, rempli de houille, et supportant une citerne à demi pleine. Tout à coup, ce bâtiment, dont les murs mesuraient trente centimètres d'épaisseur, fut arraché de terre, avec ses fondations profondes de soixante centimètres, et transporté debout à dix mètres de là.

On estime à dix mille kilogrammes le poids de cette masse si bizarrement et si prestement changée de place par le tonnerre.

Au contraire, en plusieurs cas, le subtil fluide a pulvérisé sur place une pierre dure et l'a réduite en poussière.

Très souvent, les tuiles et les ardoises des toits sont arrachées ; la foudre les fait voltiger en l'air ; quelquefois, elle se contente de les percer d'une multitude de petits trous.

Quant aux cheminées, elles sont généralement fort malmenées par le météore ; les coups dont elles sont victimes s'expliquent facilement, car elles offrent une parfaite conductibilité à la matière fulminante, d'abord à cause de la saillie qu'elles forment au sommet de l'édifice, surtout lorsqu'elles sont surmontées d'une girouette. D'autre part, le conduit intérieur est souvent en fonte, et s'il est en briques, il est étayé par des barres de fer. Sa surface intérieure est tapissée d'une couche de suie, corps excellent conducteur, et souvent un tuyau de poêle aboutit dans ce canal. Ensuite, le foyer et son voisinage présentent ordinairement un grand nombre de pièces métalliques. Enfin, la colonne de fumée et d'air chaud et humide qui s'échappe du foyer pour s'élever dans l'atmosphère montre le chemin à la foudre.

Celle-ci se rend souvent à cette invitation, et très fréquemment, elle pénètre dans les maisons en passant par une cheminée où tout semble préparé pour lui assurer un bon gîte.

Les poutres des planchers et les portes sont quelquefois percées d'un ou plusieurs trous par l'étincelle; fendues, sillonnées, plus ou moins profondément. Remarque curieuse, il est rare de trouver sur elles la moindre trace de combustion.

Au mois d'août 1887, le tonnerre tombe sur le clocher de l'église d'Abrest (Allier) dont il enlève une partie de la toiture.

Dans le porche, il dégrade les murs et perce dans chacun des battants de la porte, et au centre, deux ouvertures de la grosseur d'un œuf de pigeon, avec une telle symétrie qu'on les croirait faites par la main de l'homme.

Le clivage des poutres est une des plus extraordinaires lésions observées sur ces pièces de charpente. La foudre agit alors sur le bois travaillé comme sur l'arbre en pleine sève : elle le réduit en charpie, suivant la direction des fibres.

Que de charges pèsent sur la foudre ! Quand elle se mêle de piller une maison, elle n'épargne rien sur son passage.

Les vitres volent en éclats et sont parfois lancées fort loin ; souvent elles sont fondues et disparaissent totalement.

En juillet 1783, à Campo Sampiero Castello (Padouan), la foudre frappe un bâtiment plein de foin qui avait des croisées garnies de vitres, et *fond les vitres sans mettre le feu au foin !*

Un phénomène plus étonnant encore est celui de la totale disparition des vitres, observé au château d'Upsal, le 24 août 1760. Le tonnerre visite cet édifice et s'enfuit en emportant les seize carreaux d'une fenêtre. On n'en retrouva plus le moindre fragment.

Peut-être y a-t-il eu, comme cela arrive souvent, production de chaleur fantastique et les vitres se sont-elles volatilisées.

Si l'on suit le passage de la foudre dans les appartements, on remarque sur les meubles des effets singuliers. Les commodes et les armoires sont éventrées, et les objets qu'elles enferment, arrachés et dispersés dans la chambre.

Au milieu d'août 1887, la foudre tombe sur une maison des Francines, près Limoges. Elle pénètre dans une chambre où reposait le maître de céans, qui éprouve une terrible secousse et voit son édredon transpercé en plusieurs endroits par le fluide perfide. Une commode est brisée en mille morceaux avec tout son contenu. Continuant sa route, la foudre passe dans une chambre voisine en démolissant la porte.

Un homme qui y dormait est mortellement frappé. A côté de lui, sa femme et sa petite fille n'ont rien ressenti, mais *un oreiller placé sous la tête de l'une de ces dernières est projeté au loin.* Enfin, le météore traverse le plancher, brise une grande pendule placée au rez-de-chaussée, et incendie tout sur son passage.

Le 1er juin 1903, un rayon fulminant se précipite sur l'église de Cussy-la-Colonne (Côte-d'Or). D'abord, il renverse la tourelle du clocher, brise une cloche, puis ouvre dans la sacristie une armoire où se trouvaient différents objets qui ont été totalement détruits.

En avril 1886, la foudre occasionne de grands dégâts dans l'église de Montrédon (Tarn). Elle démolit le clocher sur une hauteur de 3 mètres; plusieurs cloches et l'énorme barre de fer qui les supportait ont été emportées fort loin; la voûte de l'église a été crevée en trois endroits différents par la chute des pierres détachées du clocher. Toutes les tuiles furent pulvérisées. A l'intérieur, un banc a été brisé, un christ a été réduit en poussière, et une statue de saint Pierre, en fonte, a été tordue.

Remarquons en passant que les églises sont très fréquemment atteintes par la foudre, sans doute à cause de la proéminence formée par le clocher isolé au-dessus de l'édifice. Nous possédons d'innombrables observations de clochers renversés, de tourelles emportées, d'objets sacerdotaux saccagés; les sculptures et les tableaux qui ornent le sanctuaire sont souvent détruits et l'autel lui-même est quelquefois très endommagé. Les exemples de prêtres foudroyés pendant les offices ne sont pas rares. Quant aux fidèles tués dans les églises pendant les cérémonies, ils se comptent par centaines.

Sans vouloir traiter la foudre de mécréante ou d'anti-religieuse, on est obligé de constater son manque de respect pour les saints lieux. Sans doute, ce sont là des coïncidences qui n'ont rien de commun avec un prétendu « esprit du tonnerre », mais cette extraordinaire variété d'action n'est-elle pas faite pour nous surprendre ?

D'ailleurs, les faits et gestes de la foudre observés dans les maisons ne sont pas moins variés et curieux. En voici quelques relations remarquables.

Pendant une nuit d'orage, le tonnerre, se glissant dans une cheminée, vient tomber dans une chambre où se trouvaient couchées deux personnes endormies. Le mari, réveillé en sursaut et croyant sa maison incendiée, se dirige à tâtons vers la cheminée pour trouver une bougie. mais il est arrêtée par un tas de décombres. En effet, au milieu de l'appartement, se trouvaient réunis, amoncelés, tous les matériaux de la gaine de la cheminée. La plaque, violemment arrachée, avait subi un commencement de fusion, l'horloge avait eu sa porte arrachée, toutes les vitres de la fenêtre étaient brisées. A l'étage inférieur, une pendule fut également démolie, et le carrelage soulevé et lancé au plafond avec une telle force que des débris de briques y restèrent incrustés.

Au mois d'avril 1866, à Bure (Luxembourg), vers minuit, le tonnerre, qui grondait déjà depuis quelque temps, éclata tout à coup, avec une violence inouïe, telle qu'on eût dit que le sol tremblait et que les maisons oscillaient sur leurs bases.

Tous les habitants se réveillèrent en sursaut ; instinctivement, plusieurs d'entre eux sautèrent à bas de leur lit, croyant que la foudre venait d'écraser leur habitation. Chacun avait le pressentiment d'un malheur qui n'était que trop réel ; le fluide venait de s'abattre sur la maison d'un pauvre ouvrier et y produisait une scène de destruction épouvantable.

Le toit avait été emporté, la cheminée détruite entièrement, les fenêtres étaient réduites, pour ainsi dire, en poussière, la porte principale avait été broyée et lancée au loin ; de tous les meubles, il n'existait plus que des débris informes. Mais, ce qu'il y a d'extraordinaire c'est que cette catastrophe n'ait coûté la vie qu'à une personne, tandis que toutes celles qui se trouvaient dans la maison auraient dû infailliblement périr.

Trois enfants couchaient à l'étage supérieur, ils se sont trouvés *lancés hors de la maison* sans savoir ni par où ni comment, mais *sains et saufs*, tandis que leur lit a été brisé en mille pièces. Le père et la mère étaient couchés au rez-de-chaussée avec deux petits enfants dont l'un à la mamelle. Ce dernier a été lancé hors de son berceau et jeté contre le mur, mais sans être blessé.

A ce moment, la mère s'est précipitée hors du lit, pour courir au secours des êtres qui lui étaient chers, mais tandis que la pauvre femme voulait allumer une bougie, la foudre l'a étendue sans vie sur le plancher. Le mari qui était dans le lit avec un autre enfant n'a éprouvé qu'une forte commotion. Enfin le tonnerre, ayant achevé son œuvre de destruction, s'est pratiqué une ouverture par le bas du mur, a pénétré dans l'écurie adossée à la maison, et y a tué l'unique vache qui s'y trouvait.

Au mois d'août 1868, à Liège, rue du Calvaire, au point culminant de la montagne Saint-Laurent, la foudre a frappé d'abord deux tuyaux de cheminée en terre, qui dépassaient la hauteur du toit. L'un de ces tuyaux a été jeté sur le sol et brisé, l'autre a disparu. L'étincelle électrique a enlevé alors la plus grande partie de la toiture. Toutes les tuiles ont été lancées autour de la maison. Dans une mansarde, sous le toit, logeait une jeune servante : la foudre a pénétré dans la mansarde, en traversant le mur, par un petit trou, juste au dessus du chevet du lit de la servante ; celle-ci a été précipitée au milieu de la chambre sans la moindre contusion, tandis que le bois du lit était transpercé en deux endroits.

De là, l'étincelle, traversant de nouveau la muraille, descendit au rez-de-chaussée en suivant un tuyau de gouttière qu'elle brisa. Elle pénètre de nouveau dans la maison en faisant une petite ouverture dans le mur, enlève le plâtrage autour de deux clous auxquels une glace était suspendue, brise en partie le cadre de la glace, sort de nouveau de l'appartement, entre dans une petite chambre contiguë où se trouvaient couchées six personnes, le père, la mère et quatre enfants en bas âge, perce le mur pour rentrer dans un établi de serrurerie adossé à la maison, y bouleverse tous les outils, arrache un tiroir, le brise en mille pièces, et jette sur le plancher tout ce qu'il contenait, fait éclater tous les carreaux de vitre de l'atelier, traverse encore la muraille, entre dans un trou où était un lapin, tue l'animal et va se perdre enfin dans le jardin, où elle creuse en terre un double sillon de plusieurs pieds de longueur.

Cette maison était occupée par deux ménages, composés de dix personnes ; aucune n'a été atteinte. Épouvantées par la détonation, elles se levèrent aussitôt : la fumée, l'odeur qui remplissait tous les appartements, les avertirent du danger auquel elles venaient d'échapper.

Dans un autre cas, on voit la boiserie de la cheminée, un placard, une glace et une pendule fortement brûlés et endommagés par le tonnerre qui, pour faire une bonne niche avant de se retirer, retourne complètement un chapeau de feutre placé sur un meuble et dévisse les chenêts du foyer.

Les exemples de ce genre sont très nombreux. Nous parlons constamment des facéties de la foudre. Mais de quel nom peut-on qualifier des faits aussi burlesques et aussi compliqués que celui-ci :

Au mois de juillet 1896, la foudre est tombée au hameau

des Boulens, sur une maison presque entièrement couverte en chaume. Entrée par la cheminée qu'elle a détériorée, elle a d'abord jeté à bas la crémaillère, en arrachant le gond qui la soutenait et en produisant à la place dudit gond un trou percé jusqu'au dehors. Ensuite, elle a transporté au milieu de la chambre une marmite et son couvercle qui étaient près du foyer, et arraché quelques carreaux sur son passage. Elle a fait sauter le loquet de la porte d'entrée, ainsi que la clef qui était dans la serrure ; celle-ci a été retrouvée dans un sabot sous le buffet.

Deux cannes qui se trouvaient à côté de la cheminée ont été comme placées à la main sur le manteau de ladite cheminée.

Un couperet à viande et un bassin en cuivre servant à puiser de l'eau dans un seau, attachés aux deux extrémités d'un poêlier, ont également été projetés au milieu de la chambre. Mais ce qu'il y a de plus curieux, c'est que ces deux objets étaient attachés ensemble. La ficelle servant à suspendre le couperet a été roulée de deux tours sur le manche du bassin. Enfin, une partie du fluide est sortie en enlevant un morceau de poteau en chêne servant à soutenir la porte d'entrée Une autre partie a percé un trou au-dessus du poêlier, dans un mur en torchis projetant des éclats de lattes et de mortier à 11 mètres de là par une fenêtre d'une maison voisine, sur un lit où deux personnes étaient couchées.

Ce petit rigaudon auquel se sont livrés tant d'objets variés ne manque pas de saveur !

Voici, maintenant, comment la foudre participe à notre fête nationale.

Le 14 juillet 1884, au hameau des Tourettes (Vaucluse), la foudre entre dans une maison en soulevant un coin du toit. Elle brise la partie inférieure de la fenêtre d'une chambre et perfore un mur d'au moins 50 centimètres d'épaisseur. Dans une armoire creusée à demi-mur, et dans laquelle se trouvaient une quinzaine de bouteilles remplies de diverses liqueurs, elle brise une seule des bouteilles, pleine d'alcool, et de telle façon qu'on ne put retrouver aucune trace, ni du liquide, ni du verre.

De là, elle s'élance sur des tableaux qui étaient accrochés au-dessus de la tête d'une fillette de cinq ans, couchée et profondément endormie. Trois tableaux sont arrachés du mur : verres, gravures et glaces sont pulvérisés, mais l'enfant n'a aucun mal. Le courant électrique perce une ouverture dans un plafond épais de 45 centimètres environ, s'échappe de la maison en brisant un grand nombre de tuiles, mais y rentre bientôt par le tuyau de la cheminée qu'il démolit aux trois quarts. Ensuite cette foudre exploratrice s'introduit dans la cuisine, au rez-de-chaussée où se trouvaient trois hommes autour d'un foyer allumé. L'un, debout, est violemment projeté contre le mur opposé à la cheminée ; le second est lancé contre la porte d'entrée ; le troisième, assis, est soulevé de sa chaise à une hauteur d'au moins 50 centimètres et jeté à terre. Pour couronner de tels exploits, l'étincelle a arraché la moitié de la crosse d'un fusil, et l'a transportée dans une pièce voisine où se trouvaient réunies onze personnes qui en ont été quittes pour la peur. Puis, remontant par la cheminée, elle a fait explosion à 1 m. 50 de hauteur en lançant dans toutes les directions les débris du plâtre, des briques et de la crémaillère.

Quelle fureur... presque enfantine !

Ailleurs, un rayon foudroyant, frère du précédent, effleurera la petite tête d'un enfant doucement endormi sans lui faire le moindre mal ; creusera un trou dans le berceau du jeune innocent et s'enfuira lestement sans faire autrement parler de lui. Ou bien encore, ce même tonnerre indomptable et parfois si terrible enlèvera un objet des mains d'une personne et cela avec tant d'habileté, on pourrait presque dire de délicatesse, qu'on oserait à peine lui reprocher ce procédé un peu sans gêne.

A Perpignan, le 31 août 1895, la foudre est tombée sur les montagnes de Nyer, près d'Olette, atteignant un troupeau dont vingt-cinq bêtes furent foudroyées. Le gardien enveloppé par l'éclair n'a pas été blessé, mais le couteau qu'il tenait à la main a disparu — ainsi que son chien.

Une autre fois, elle tombe sur une maison de Beaumont (Puy-de-Dôme), la parcourt en tous sens, fait sauter l'escalier en pierre, et produit sur son passage des dégâts considérables. Une femme qui tenait à la main une tasse est effleurée par ce rayon fulgurant, mais n'a aucun mal. Seulement, la tasse lui est violemment arrachée des mains.

En juillet 1886, un cultivateur était en train de faucher, lorsque la foudre survenant à l'improviste lui vola sa faux et la projeta à dix mètres. L'homme ne fut nullement blessé.

Il est impossible d'assigner des limites au champ de manœuvres de la foudre. Autant de coups, autant d'extravagances ! Parfois, elle se montre d'une magnanimité ahurissante. L'exemple suivant est bien extraordinaire à ce point de vue.

Une femme était occupée à traire une vache lorsqu'elle vit soudain une langue de feu entrer dans l'étable, en faire le tour, passer entre une vache et la muraille à un endroit où il n'y avait pas plus de 30 à 35 centimètres d'espace, et finalement sortir par la porte sans laisser trace de son passage et sans blesser personne ni aucun des animaux qui se trouvaient là.

Très souvent, la foudre se borne à causer un vacarme effroyable et à briser les objets de porcelaine ou de verre qu'elle rencontre.

En juillet 1886, le tonnerre s'abat sur une maison de Langres. C'était l'heure du déjeuner. Le fluide s'introduit par la cheminée qu'il ramone le mieux du monde, passe près de la table, entre les jambes d'un convive stupéfait, et va percer un trou gros comme une pièce de vingt sous au goulot d'une bouteille qu'une personne emplissait d'eau à la pompe. Puis il se sauve dans la cour, qu'il balaye proprement, et disparaît sans blesser aucun des témoins de cet étrange phénomène.

Le 3 août 1898, deux femmes se trouvaient dans la salle à manger de leur maison à Confolens, quand la foudre y pénétra par la fenêtre, en cassant un carreau, et passant seulement à quelques mètres d'elles, traversa la cuisine et disparut à travers la muraille après avoir réduit en miettes plusieurs ustensiles de ménage et brisé la plaque de la cheminée.

A Port-de-Bouc, le 23 août 1900, la foudre est tombée sur la caserne de la douane, a pénétré dans le logement d'un douanier et a coupé en deux un vase de porcelaine qui se trouvait sur la cheminée, sans en séparer les morceaux.

Quelques jours plus tard, le 26 août, le fluide mystérieux venait troubler le paisible repas de deux braves cultivateurs. Ceux-ci, réfugiés pendant l'orage dans un cabanon, avaient étalé des victuailles pour leur déjeuner. Tout à coup, l'orage fait irruption dans l'humble salle à manger improvisée, enlève pain, fromage, etc., renverse les bouteilles et autres objets, les couvre de paille comme aurait pu le faire un violent coup de vent. Les deux cultivateurs éprouvèrent seulement une commotion.

N'est-ce pas là une véritable farce !

Ailleurs, elle tombe sur un placard dont la porte est

lancée au loin, et endommage la vaisselle d'une manière systématique : elle brise la première assiette, laisse intacte la seconde, casse la suivante, épargne la quatrième, et ainsi de suite jusqu'au bas de la pile. Puis, son travail achevé, elle se fait toute mignonne, semblable à une gnomide de quelque conte fantastique, et s'enfuit par le trou de la serrure, non sans avoir fait sauter la clef restée en dehors.

Le 19 août 1866, à Chaumont, après avoir causé de nombreux dégâts de toutes sortes dans une maison, la foudre avisa une pile d'assiettes de faïence et de porcelaine placées indistinctement dans un placard, brisa en mille morceaux les assiettes de faïence, sans toucher aux autres.

Pourquoi cette préférence ? La foudre ne donne pas d'explication. Elle agit, voilà tout. C'est à nous de chercher.

Le 31 mai 1903, jour de la Pentecôte, à Tillieu-sous-Aire (Eure , un coup de tonnerre remplit d'une eau gluante une pile d'assiettes en porcelaine. La pile d'à côté, composée d'assiettes de terre, est restée sèche. J'ai reçu un petit flacon de cette eau, qui m'a été envoyé par le curé, mais l'analyse n'y a rien trouvé de particulier.

Dans le cas suivant elle donne un démenti formel à l'antique préjugé qui attribue au nombre 13 une influence cabalistique.

Treize personnes étaient réunies dans la salle à manger d'une maison de Langonar, tandis que l'orage grondait au dehors. Soudain, le tonnerre éclate, frappe une assiette placée au milieu de la table, lance dans toutes les directions plats, vaisselle, verres, bouteilles, fourchettes et couteaux, en un mot, lève instantanément le couvert, sans omettre la nappe.

Aucun des treize convives n'a été touché.

Enfin, il arrive parfois que les verres ou les bouteilles sont complètement ou partiellement fondus. Boyle raconte à ce sujet un fait très singulier.

Deux grands verres à boire, tout pareils, étaient l'un à côté de l'autre sur une table. La foudre arrive et se dirige si exactement sur les verres qu'il semble qu'elle a passé entre eux. Aucun cependant n'est cassé; l'un est légèrement altéré, l'autre si fortement ployé par un ramollissement instantané, qu'il pouvait à peine rester debout sur sa base.

Les armes à feu, foudroyées, présentent fréquemment des désordres très variés. Quelquefois, le bois du fusil, de la crosse surtout, est fendu, ou brisé en éclats, les pièces métalliques arrachées ou lancées au loin.

Le 27 juillet 1721, le météore atteignit une guérite du fort Nicolaï, à Breslau, et en perça le sommet pour atteindre la sentinelle et son fusil. Le canon de l'arme fut noirci; la crosse brisée et lancée à distance. Le coup partit et perfora le plafond de la guérite.

L'homme en fut quitte pour quelques éraflures.

Du reste, les armes à feu dont l'homme est porteur semblent attirer la foudre. Assez souvent, des soldats sont frappés par le tonnerre, dans l'exercice de leurs fonctions, alors qu'ils ont leurs armes en main.

Mais, circonstance curieuse, on connaît plusieurs cas où la foudre a frappé un fusil chargé, *fondant les balles* et une partie du canon, *sans mettre le feu à la poudre.*

Ainsi, à Prefling, la foudre pénétra dans la chambre d'un garde-chasse, et aucune des nombreuses armes à feu, qui s'y trouvaient suspendues, ne partit. Entre chaque fusil, la muraille était endommagée. Un canon de fusil était debout dans un coin de la chambre : le mur était lésé au niveau de son extrémité inférieure, et au-dessus, on voyait un trou dans le plancher.

Le 1er juin 1761, près de Nimburg, la foudre fit irruption dans la maison d'un garde à cheval ; un de ses rayons atteignit, au rez-de-chaussée, une carabine chargée et obliquement appuyée contre la muraille. L'étincelle fondit légèrement l'orifice, descendit le long du canon sur la batterie et sur la garniture qui furent en quelques points soudées entre elles. Dans le magasin de la crosse, on trouva cinq balles fondues et soudées, et leurs bourres assez fortement brûlées. Cependant, malgré ces désordres, l'arme ne partit pas.

Dans un autre cas, la foudre suivit en dedans et en dehors toute la longueur du canon d'un fusil, y laissant une ligne étroite de fusion, et chose à peine croyable, quoique la fusion s'étendît jusqu'à la poudre, le coup ne partit pas.

Ces phénomènes paraissent tout à fait extraordinaires et incompatibles avec les idées que l'on se forme ordinairement de la combustibilité de la poudre. A quelle cause faut-il attribuer cette invulnérabilité de la matière explosive ?

Sans doute à la rapidité de l'éclair qui ne laisse pas à la poudre le temps de s'enflammer

Les magasins à poudre sont fréquemment atteints par le tonnerre, et leur foudroiement est un sujet de remarques fort intéressantes ; ils sont parfois épargnés, malgré les masses de matière explosive qu'ils renferment.

Voici quelques exemples qui constatent cet étrange phénomène :

Le 5 novembre 1755, la foudre tomba près de Rouen, sur le magasin à poudre de Maromme, fendit une des poutres du toit, réduisit en petites parcelles deux tonneaux remplis de poudre sans y mettre le feu. Les magasins contenaient huit cents de ces tonnes.

Est-ce que le tonnerre des hommes aurait le don de repousser le tonnerre de Jupiter?

Pas toujours, car de nombreux exemples nous prouvent le contraire. Les deux observations suivantes sont extraites d'une collection de faits analogues :

Le 18 août 1769, la foudre tomba sur la tour de Saint-Nazaire, à Brescia. Cette tour reposait sur un magasin souterrain contenant un million de kilogrammes de poudre appartenant à la république de Venise. *L'explosion de la poudre lança dans les airs l'édifice tout entier*, qui retomba comme une pluie de pierres. Une partie de la ville fut renversée ; trois mille personnes périrent.

Le 6 octobre 1856, à quatre heures après-midi, la foudre pénétrait dans les caveaux de l'église Saint-Jean à Rhodes, et mettait le feu à une énorme quantité de poudre. Quatre ou cinq mille personnes perdirent la vie dans cette catastrophe.

La puissance de la foudre est incommensurable. Eh bien! avec cette force magique, elle s'amuse parfois bénévolement comme il suit :

En 1899, elle a rallumé une bougie qu'on venait d'éteindre. La personne qui tenait cette bougie ne fut pas touchée, mais sous l'influence de la commotion, elle dormit pendant quatre jours, devint folle, et depuis, il lui est arrivé de dormir jusqu'à sept jours de suite.

A Harbourg, au milieu d'un bal, toutes les bougies furent éteintes par la foudre; la salle fut plongée dans l'obscurité, et remplie d'une vapeur épaisse et fétide.

Plusieurs fois aussi, le feu qui flambait dans le foyer d'une cheminée a été subitement éteint par la foudre, et il en a été de même pour des feux de fours à tuiles et à faïences. En général, on éprouve des difficultés extrêmes à rallumer les lumières ou les feux éteints par le tonnerre. En d'autres cas elle se charge elle-même d'allumer le gaz.

Le 3 août 1876, dans le quartier de l'Observatoire, à Paris, rue Leclerc, vers l'angle du boulevard Saint-Jacques, la foudre a allumé un bec de gaz. Celui-ci se trouvait à 20 centimètres d'une longue gouttière, et pour ainsi dire à la lacune d'un circuit électrique formé par elle et le mur mouillé en communication avec le sol. Une explosion violente a marqué cette inflammation, le compteur à gaz, situé à 2 mètres au-dessous, a été disloqué, et une seconde explosion s'est fait entendre. Le coup de tonnerre a été vraiment formidable, et a suivi immédiatement l'éclair. Le chronomètre du bureau météorologique de l'Observatoire s'est arrêté soudain. Le gardien du square du Luxembourg a vu une boule de feu rouge éclater avec fureur et se disperser dans tous les sens. La vaisselle des Pères de la Providence a été brisée en mille morceaux, d'après le rapport de M. de Fonvielle, et la surface d'une barre de fer a été volatilisée. On n'a pas eu de morts ni de blessures à enregistrer, quoique plusieurs personnes aient été renversées par la commotion.

Quelquefois, la foudre produit de grands désastres par des conséquences indirectes. Ainsi, au mois de juillet 1903, elle incendia une masure du village de Muda, près Paluzza. En des circonstances plus favorables, l'accident eût été insignifiant. Mais, activées par un vent violent, les flammes gagnèrent, de proche en proche, et brûlèrent une centaine de maisons, c'est-à-dire la totalité du village.

Une catastrophe analogue s'était produite au village des Oches, dans le Dauphiné, le 27 août 1900. La foudre mit le feu chez des cultivateurs, et en moins d'une heure vingt maisons en chaume sur trente-deux composant le hameau étaient réduites en cendres. Trois personnes furent carbonisées et quatre autres grièvement blessées.

Le 25 août 1881, le tonnerre est tombé, à trois heures du matin, sur le village de Saint-Innocent; sept maisons ont été consumées et trois femmes ont péri dans les flammes.

Un incendie causé par la foudre a éclaté le 24 juin 1872, à Perrigny, près Pontailler (Côte-d'Or). Seize maisons ont été la proie des flammes et soixante-dix-huit personnes se sont trouvées sans asile.

Ces sinistres atteignent parfois des proportions effrayantes.

Pendant un orage terrible, l'étincelle électrique frappa et incendia dix-huit clochers en Belgique; le désastre se propagea sur une étendue de 160 kilomètres.

Mais quoi de plus effrayant que les exemples de la chute de la foudre sur certains navires?

Voici un bâtiment qui a été littéralement fendu en deux :

Le 3 août 1862, le navire *Moïse*, dans son passage d'Ibraïla à Queenstown, fut surpris, en vue de Malte, par un violent orage. Vers minuit, la foudre tomba sur le grand mât, le suivit, et descendant dans le corps du bâtiment, le fendit en deux ; il coula immédiatement... Equipage et passagers périrent. Le capitaine Pearson était sur le pont. Il eut le temps de se jeter sur une pièce de bois flottante, sur laquelle il se soutint pendant dix-sept heures. Le navire sombra en trois minutes.

Au commencement du siècle dernier, le navire *Royal-Charlotte*, étant à Diamond-Harbour, dans la rivière Hoogley, sauta en mille pièces par l'explosion de son magasin à poudre foudroyé. La détonation fut entendue au loin, et l'ébranlement ressenti à plusieurs milles.

Par leur forme et par leur situation, les mâts sont particulièrement exposés aux atteintes du météore foudroyant ; on connaît plusieurs cas où des marins, occupés à manœuvrer dans les agrès, ont été victimes du courant électrique, et même parfois précipités dans la mer.

Le 26 août 1900, le vapeur *Numidie*, venant de Bone, est foudroyé. Le fluide est tombé sur le mât de misaine, a suivi la draille du grand foc où se tenait cramponné le second du bord qui a eu les deux mains paralysées. Le malheureux est tombé à l'intérieur du navire, mais s'il se fût trouvé à la partie extérieure de la draille, la mort eût été inévitable.

Le *Redney* voguait devant Syracuse lorsqu'il fut foudroyé. C'était le 7 décembre 1838. Le grand mât de perroquet fut atteint le premier ; il pesait 800 livres, et telle fut la violence du choc qu'il fut instantanément réduit en copeaux qui flottèrent le long du vaisseau comme les rebuts d'une boutique de charpentier. Le grand mât de hune fut très gravement endommagé et arraché en certaines parties. Quant au grand mât, dont les ferrures pesaient plus d'une tonne, il fut ravagé dans une longueur d'environ dix-sept mètres.

Parfois, les mâts sont fendus du haut en bas, brisés ou coupés transversalement en plusieurs tronçons, et les morceaux arrachés sont lancés au loin : fréquemment, ils sont clivés, et ce phénomène est analogue au clivage des arbres ou des poutres dont nous avons précédemment parlé.

Le *Blake* fut atteint par la foudre en 1812 ; le mât de perroquet était en sapin vert. Or, il fut divisé en longues fibres dans toutes les directions, au point de ressembler à un arbre muni de ses branches.

Il n'est pas rare que la foudre s'insinue au cœur du mât, et lui fasse subir toutes sortes de lésions, en respectant entièrement l'enveloppe extérieure ; enfin, en de nombreux exemples, on constate sur les mâts la présence de sillons simples ou doubles, longitudinaux ou en zigzag, quelquefois en spirale, dont la profondeur est très variable.

Parfois aussi, le courant électrique, infiniment plus violent que le souffle du vent, s'empare des agrès et les emporte au loin. Ce phénomène a été observé sur le *Clenker*, le 31 décembre 1828 ; le grand mât de hune et les voiles furent arrachés et projetés dans les flots. Les voiles ne sont pas non plus épargnées par le terrible météore ; elles sont déchirées, criblées de petits trous ou enflammées ; mais, en général, les vergues sont préservées.

Un des plus épouvantables effets du tonnerre sur les navires est l'embrasement qu'il communique aux différentes parties du bâtiment. L'incendie est ordinairement partiel et facile à éteindre ; mais quelquefois, au contraire, il gagne rapidement toutes les parties du navire dont la destruction devient alors inévitable.

En 1793, le *King-George*, de Bombay, remontait la rivière de Canton, lorsqu'une étincelle suivie d'un violent coup de tonnerre effleura, de haut en bas, le mât de misaine, tua plusieurs hommes et disparut dans la cale. Sept heures après le choc, on découvrit avec stupeur que la cale, chargée de matières combustibles, était en feu. L'incendie s'étendit rapidement sur tout le navire, qui brûla jusqu'à fleur d'eau.

Le navire *Bayfield*, de Liverpool, fut atteint par le tonnerre le 25 novembre 1845. Instantanément, on vit le pont couvert de globes de feu et de larges étincelles qui embrasèrent le vaisseau. Comme l'incendie menaçait de gagner le magasin à poudre, le capitaine, craignant une explosion, décida d'abandonner le bâtiment. On se précipita aux embarcations, mais n'ayant pu sauver que trente livres de pain, plusieurs hommes périrent de faim et de soif dans les chaloupes.

Souvent, en effet, la catastrophe est rendue encore plus atroce par l'explosion des magasins à poudre. Ainsi, en 1798, dans le détroit de Malacca, le vaisseau anglais *La Résistance* sauta par suite d'un coup de tonnerre. Deux ou trois hommes de l'équipage furent seuls recueillis.

Mais c'est surtout aux boussoles que la foudre joue des tours lorsqu'elle visite les navires. L'aiguille aimantée, vibrante et agitée, est souvent paralysée par le courant électrique ; parfois, ses pôles sont renversés, ou les pointes, troublées par le passage de l'étincelle, s'affolant, restent insensibles à l'attraction de leur pôle souverain, s'égarent et, sous l'influence perturbatrice, errent dans toutes les directions.

Il leur arrive même quelquefois de perdre leurs propriétés magnétiques.

L'altération des boussoles a parfois des suites désastreuses. On connaît plusieurs cas où des commandants, induits en erreur par de fausses indications de l'aiguille aimantée, ont fait suivre à leur navire une direction périlleuse. Arago cite un bâtiment génois qui, vers l'année 1808, faisant route pour Marseille, fut frappé à peu de distance d'Alger. Les aiguilles des boussoles firent toutes une demi-révolution, quoique les instruments ne parussent pas endommagés, et le bâtiment vint se briser sur la côte au moment où le pilote croyait avoir le cap au nord. C'est peut-être à cette cause qu'il faut attribuer la disparition de certains navires dont on n'a plus entendu parler à la suite de violents orages.

Quelques navires, comme certaines personnes ou certains arbres, semblent attirer particulièrement le fluide. Nous possédons un grand nombre d'exemples de vaisseaux foudroyés plusieurs fois au cours d'une seule tempête électrique ; en voici quelques-uns :

Le 1er août 1750, le *Malacca* a été touché coup sur coup.

En 1848, le *Compétitor* fut foudroyé deux fois en un quart d'heure.

Au commencement de décembre 1770, entre Mahon et Malte, un vaisseau amiral russe fut frappé par le tonnerre trois fois en une seule nuit.

Le 5 janvier 1830, dans le détroit de Corfou, le *Madagascar* reçut cinq décharges destructives en deux heures.

Nous pourrions allonger de beaucoup cette liste. Mais restons là. Nous n'avons pas encore tout dit sur la foudre. Il nous reste à parler des courants sympathiques et antipathiques qui s'échangent entre l'électricité des cieux et celles des télégraphes.

Souvent, la foudre vient incognito visiter la surface de la terre ou même les profondeurs de l'Océan. Ces petites excursions dans notre domaine terrestre passent généralement inaperçues ; pourtant, en certains cas, les fils télégraphiques commettent l'indiscrétion de nous les révéler.

D'autre part, on sait que les fils métalliques chargés de porter à travers le monde la pensée des peuples modernes sont d'une sensibilité à peine concevable. Sans qu'on y songe, ils sont en relation avec le Soleil, à 149 millions de kilomètres d'ici, et une agitation à la surface de cet astre peut leur causer un émoi indescriptible, comme nous en avons été témoins à la fin de l'année 1903.

On se souvient de la formidable tempête magnétique du 31 octobre, au cours de laquelle les communications télégraphiques et téléphoniques furent interrompues en un grand nombre de points de la Terre. Effectivement, le phénomène s'est étendu sur toute la surface du globe.

De 9 heures du matin à 4 heures 30 du soir, l'Ancien et le Nouveau Monde ont vécu étrangers l'un à l'autre. Pas un mot, pas une pensée n'a franchi l'Océan. Les câbles sous-marins demeurèrent paralysés sous l'influence des troubles solaires. En France, les communications furent interrompues entre les principales villes et avec les pays de frontières. Pendant ce temps, l'astre du jour était en proie à une agitation fébrile, et sa surface mouvante vibrait d'une fièvre intense.

Dans ces cas-là, le fluide subtil profite du désarroi pour se glisser sans bruit dans les sentiers qui lui sont ouverts. Mais il n'attend pas ces occasions magnifiques pour faire parler de lui.

Qu'un nuage orageux passe en silence ou en lançant force pétards au-dessus d'une ligne télégraphique, aussitôt, celle-ci en sera affectée. Le fluide, emprisonné dans la nue, agira par induction sur l'électricité des fils, et il en résultera pour ceux-ci une vibration accompagnée parfois d'une lueur fulgurante. Ces phénomènes peuvent causer de graves accidents au personnel du télégraphe, s'il ne se méfie pas des perfidies de la foudre. Ces décharges silencieuses sont très fréquentes, mais souvent aussi, l'étincelle frappe directement les fils télégraphiques et les appareils récepteurs des cabines De ces attaques réitérées nettement dirigées, résultent toutes sortes d'accidents.

Et d'abord, on sait combien les petits oiseaux sont victimes de la foudre lorsqu'ils viennent après l'orage se poser sur les fils télégraphiques ; souvent on les trouve morts suspendus par leurs ongles.

Mais le fluide agit aussi sur les hommes, par l'intermédiaire des fines tiges métalliques.

Ainsi, le 13 avril 1863, un employé du télégraphe était occupé avec plusieurs hommes d'équipe à réparer quelques fils télégraphiques dans la gare de Pontarlier, lorsque tout à coup ils ressentirent, plus particulièrement aux articulations des genoux, une violente commotion qui, comme un coup de bâton appliqué d'une manière sèche et vigoureuse, les fit ployer sur leurs jambes ; l'un d'eux en fut même jeté à terre. Le fluide avait sans doute atteint dans ces parages éloignés le fil dont le prolongement était aux mains des employés du télégraphe.

Le 8 septembre 1848, au cours d'un violent orage, deux poteaux du télégraphe électrique furent renversés à Zara (Dalmatie). Deux heures plus tard et pendant que l'on s'occupait du redressement des poteaux renversés, deux artilleurs, ayant saisi le fil, éprouvèrent de légères secousses électriques, puis se trouvèrent tout à coup terrassés. Tous deux avaient les mains brûlées ; l'un ne donnait même plus signe de vie ; l'autre, ayant essayé de se relever, retomba en touchant du coude le bras d'un de ses camarades accourus à ses cris. Celui-ci, terrassé à son tour, éprouva des troubles nerveux, des éblouissements et des tintements d'oreilles ; son bras, mis à découvert, présentait une brûlure sur la peau, à l'endroit même où il avait été touché.

Le 9 mai 1867, la foudre est tombée sur la route de Bastogne à Houffalize (Luxembourg), attirée par le fil télégraphique qu'elle a détruit sur une longueur d'un kilomètre environ. A un certain endroit, et sur une vingtaine de mètres, ce fil était coupé en petits morceaux de trois à quatre centimètres, éparpillés sur le sol, et aussi noirs et fragiles que du charbon. Les poteaux qui les soutenaient et plusieurs peupliers plantés du même côté de la route ont été plus ou moins endommagés.

On a remarqué que les arbres situés du même côté qu'une ligne télégraphique étaient quelquefois foudroyés à la hauteur des fils. Il en est de même des maisons peu distantes des filets de cuivre ou de fer le long desquels vole la pensée humaine. Ainsi, à Châteauneuf-Martigues, le 26 août 1900, la foudre détériora les poteaux télégraphiques aux abords de la gare. Une forte secousse, comme une décharge électrique, a été ressentie instantanément par deux personnes couchées dans leur lit, à proximité du fil. Celui-ci était effectivement fixé au mur de la maison qui est très basse. Le même phénomène s'était déjà produit en cet endroit.

Dans les gares, dans les bureaux du télégraphe et dans les cabines téléphoniques, on constate parfois sur les appareils des phénomènes curieux produits par le passage de l'étincelle à une certaine distance, ou même dans le voisinage immédiat.

Le 17 mai 1852, vers cinq heures, le ciel étant très orageux, le chef de gare du Havre avisa son collègue de Beuzeville qu'il y avait lieu de mettre son appareil en communication avec le sol. Une distance de vingt-cinq kilomètres sépare le Havre de Beuzeville, et à cette dernière station, le temps ne semblait nullement menaçant. Mais bientôt, les nuages s'amoncelèrent, portés par un vent violent. Soudain, trois formidables coups de tonnerre se succédèrent rapidement. Au dernier, la foudre tomba sur une ferme à un kilomètre environ de la station, et au même moment, on vit jaillir d'un bouquet d'arbres un globe de feu de la grosseur apparente d'un petit obus, d'une couleur rouge brun, glissant dans l'espace comme un bolide et laissant derrière lui une traînée de lumière. Il vint se poser comme un oiseau sur les fils télégraphiques à une centaine de mètres de la station, puis disparut avec la rapidité de l'éclair, ne laissant sur les fils ni dans le voisinage aucune trace de son passage. Mais, à la station de Beuzeville, on observa plusieurs phénomènes intéressants. Et d'abord, les aiguilles tournèrent rapidement avec un bruit strident comme celui d'un tourne-broche se lâchant tout à coup, ou comme une meule aiguisant un fer d'où jailliraient des étincelles. Il en sortait, en effet, en grand nombre de l'appareil. L'une des aiguilles, celle du côté de Rouen, resta affolée, toutes les vis de cette partie de l'appareil furent dévissées, et sur le cadran de cuivre, près du pivot de l'aiguille, on remarqua un trou à faire passer un grain de blé.

Les appareils du Havre demeurèrent calmes. L'aiguille conserva sa marche régulière, son cadran, ses vis, etc., restèrent intacts.

Un de nos correspondants nous a communiqué l'observation suivante, fort intéressante.

Le 26 juin 1901, ayant demandé la communication au bureau central du téléphone à Saint-Pierre (Martinique), il entendit un bruit strident auquel succéda presque aussitôt l'apparition d'une boule de feu d'un diamètre apparent de vingt centimètres, et ayant l'éclat d'une lampe électrique de vingt bougies. Ce globe volumineux suivit le fil téléphonique, en se dirigeant vers l'appareil. Arrivé près du récepteur, il éclata en une formidable explosion. Le témoin de ce phénomène éprouva une forte commotion et un étourdissement. Revenu de son émoi, il constata les dégâts suivants : l'appareil téléphonique était complètement brûlé; le relais de l'appareil Morse avait été légèrement endommagé. La tension électrique avait dû être énorme dans le conducteur, car le fil des bobines était fondu sur un grand parcours.

Ce dernier effet est d'ailleurs des plus fréquents. Non seulement la foudre brise et fond les fils télégraphiques, mais aussi, elle détériore les poteaux chargés de les soutenir.

Ces piliers sont quelquefois rompus, fendus, renversés, éclatés ou déchiquetés, parfois même ils sont divisés en filaments ou en copeaux.

Il n'est pas rare de voir les poteaux endommagés alternant avec ceux restés intacts. Ainsi, sur la ligne de Philadelphie à New-York, au cours d'un gros orage, les poteaux pairs furent brisés et renversés au nombre de huit; les poteaux impairs avaient échappé à la décharge. Nous avons déjà signalé plus haut un fait analogue.

Plusieurs relations mentionnent certains matchs de vitesse accomplis par la foudre lancée à la poursuite des trains de chemin de fer.

Le 1er juin 1903, les voyageurs du train de Carhaix à Morlaix virent, entre Sorignac et Le cloître, la foudre suivre le train sur un parcours de six kilomètres, brisant ou fendant plusieurs poteaux télégraphiques.

Ce fait a été plusieurs fois observé. Le train est escorté de lueurs fulgurantes qui se succèdent presque sans interruption, et les voyageurs semblent circuler dans un océan de flammes.

Rarement la foudre tombe sur les wagons; une fois seulement, elle a estropié une voiture en lui enlevant une roue. Le wagon mutilé continua de suivre le convoi clopin-clopant, jusqu'au moment où l'on s'aperçut de l'accident.

Généralement, le fluide se contente de vagabonder dans les rails, au grand effroi des voyageurs témoins de ce spectacle féerique, mais quelque peu inquiétant. Il se répand le long des masses de fer, comme sur les toits et les balcons de Paris, sans frapper aucun point spécialement.

Le danger serait plus grand pour un cycliste sur une route. Récemment, le 2 juillet 1904, dans les environs de Bruxelles, un cycliste nommé Jean Olivier, âgé de vingt et un ans, roulait pendant un violent orage; tout à coup, il fut frappé par la foudre et tué net.

Nous terminerons cet exposé des faits et gestes du tonnerre par l'observation du foudroiement d'un ballon militaire allemand.

C'était au mois de juin 1902. L'aérostat, dont la nacelle était montée par un sous-lieutenant, était tenu captif et planait à 500 mètres environ au-dessus du polygone de Lechfeld, près d'Ingolstadt.

Tout à coup, l'esquif aérien, effleuré par une étincelle foudroyante, prit feu, et commença de descendre lentement d'abord, puis en accélérant sa chute. L'aéronaute eut la chance de s'en tirer relativement à bon compte, avec une fracture de la cuisse. Les cinq aérostiers, qui se tenaient à la manœuvre du treuil et au téléphone, reçurent également la commotion électrique transmise par les fils métalliques du câble. Ils tombèrent sans connaissance, mais furent vite rétablis.

Ce phénomène, excessivement rare, trouve sa place ici pour terminer cette curieuse collection d'histoires fantastiques illustrées par la foudre.

Une correspondance de Berlin signalait également que le 17 juin 1904, le ballon captif du bataillon des aéronautes a été atteint par la foudre sur le terrain d'exercices de Senne. Deux sous-officiers et un soldat ont été blessés par son explosion.

CHAPITRE IX

LES PARATONNERRES

La formidable artillerie dont dispose Jupiter tonitruant a obligé les hommes à chercher le moyen de se défendre des terribles projectiles lancés par les bouches à feu des nuées saturées d'électricité.

De tout temps, en tous pays, on a cherché un remède contre les effets épouvantables de cet ennemi redoutable qui dévaste les campagnes, fauche les existences avec une inconcevable rapidité, détruit les maisons, engloutit dans les eaux profondes de l'Océan les navires désemparés, flétrit les plus gracieuses productions de la nature en absorbant la vie des arbres et des plantes.

Or, pendant près de deux mille ans, les plus savants physiciens demeurèrent, en présence de la foudre, dans une situation analogue à celle d'un médecin qui ne comprendrait rien à la maladie de son client.

On savait seulement que la foudre, dont les ravages désolent le monde entier, escorte le printemps et l'été, qu'elle fait son apparition avec les fleurs et le feuillage dont elle est souvent le bourreau.

Dans son charmant petit livre *Éclairs et Tonnerre*, l'un de nos savants les plus distingués, et l'un des plus originaux et des plus indépendants, M. Wilfrid de Fonvielle, met en présence le physicien américain Franklin et le roi de Prusse Frédéric, et n'a pas de peine à faire briller à nos yeux l'éclatante supériorité du premier.

Tandis qu'on s'essayait sur notre vieux continent à établir par d'ingénieuses dissertations le degré de parenté entre l'étincelle des machines et la foudre, l'on expérimentait en Amérique, chez un peuple nouveau dans les sciences, et ces expériences s'attaquaient directement à la foudre.

Franklin trouvait le moyen de la faire descendre du ciel pour l'interroger elle-même sur son origine.

Ce génie immortel qui, par son rôle scientifique, son noble caractère et son dévouement à sa patrie, a conquis l'admiration et la reconnaissance de la postérité, avait eu des débuts modestes.

Fils d'un pauvre marchand de savon, Benjamin Franklin naquit à Boston en 1706. Sa famille ne le destinait nullement à la science. Il fut successivement apprenti dans une fabrique de chandelles, ouvrier typographe, chef d'une imprimerie importante de Philadelphie, député, ambassadeur, et enfin président de l'assemblée des États de Pensylvanie.

Son rôle politique fut considérable. Nul n'a rendu de plus grands services à son pays que le diplomate qui a signé la paix de 1783, et assuré l'indépendance des Etats-Unis

Ce fut vers l'âge de quarante ans que cet homme de bien s'initia aux connaissances de l'électricité.

Voici d'ailleurs comment Franklin raconte lui-même l'origine des mémorables expériences auxquelles il doit la plus grande partie de son immense renommée. « En 1746, dit-il, je rencontrai à Boston un certain docteur Spence, qui arrivait d'Écosse. Il fit devant moi quelques expériences d'électricité. Elles étaient fort imparfaites, car il n'était pas très habile; mais comme le sujet était tout à fait neuf pour moi, elles me surprirent et me plurent également. Peu de temps après mon retour à Philadelphie, notre bibliothèque reçut en présent de Pierre Collinson, membre de la Société Royale de Londres, un tube de verre avec quelques instructions sur la manière de s'en servir pour faire des expériences. Je saisis avidement l'occasion de répéter ce que j'avais vu à Boston. A force de pratique, j'acquis une grande facilité pour faire les expériences qu'on nous avait indiquées d'Angleterre, et j'en ajoutai de nouvelles. Je dis : « à force de pratique, » car ma maison était remplie de gens qui venaient voir ces nouveaux prodiges.

Dès lors, la foudre avait trouvé dans l'illustre diplomate américain un maître auquel il faudrait souvent obéir.

Après avoir fait plusieurs découvertes électriques, notamment sur la bouteille de Leyde et le pouvoir des pointes, Franklin eut la pensée hardie d'aller chercher l'électricité au sein des nuages. Il avait conclu de quelques expériences décisives qu'une tige de métal pointue, élevée à une grande hauteur au sommet d'un édifice, par exemple, devait servir d'appât à l'électricité des nuées orageuses et la guider dans la voie préparée à cet effet. Il attendait, avec une grande anxiété, la construction d'un clocher que l'on devait, à cette époque, élever à Philadelphie, mais lassé d'attendre et impatient d'exécuter une expérience qui devait lever tous les doutes, il eut recours à un autre moyen plus expéditif et non moins sûr pour les résultats.

Comme il ne s'agissait que de porter un objet dans la région du tonnerre, c'est-à-dire à une assez grande hauteur dans les airs, Franklin imagina que le cerf-volant, dont s'amusent les enfants, pourrait lui servir aussi bien qu'aucun clocher que ce pût être. Il prépara donc deux bâtons en croix, un mouchoir de soie, une corde d'une longueur convenable, et, profitant du premier orage, il s'en alla dans les champs tenter l'expérience. Une seule personne l'accompagnait : c'était son fils. Craignant le ridicule dont on ne manque pas de couvrir les essais infructueux, comme il dit avec ingénuité, il n'avait voulu mettre personne dans sa confidence. Le cerf-volant était lancé. Un nuage qui promettait beaucoup n'avait produit aucun effet ; d'autres s'avançaient et l'on peut juger de l'inquiétude avec laquelle ils étaient attendus.

Tout paraissait tranquille, on ne voyait aucune étincelle, aucun signe électrique. A la fin, cependant, quelques filaments de la corde commencèrent à se soulever comme s'ils eussent été repoussés ; un petit bruissement se fit entendre ; encouragé par ces apparences électriques, Franklin présente le doigt à l'extrémité de la corde et voit paraître à l'instant une vive étincelle qui fut bientôt suivie de plusieurs autres. Ainsi, pour la première fois, le génie de l'homme put se jouer avec la foudre et surprendre le secret de son existence.

L'expérience de Franklin eut lieu en juin 1752.

Elle eut un immense retentissement dans le monde

entier et fut répétée dans tous les pays savants, partout avec le même succès.

Un magistrat français, de Romas, assesseur au présidial de Nérac, profitant de la première pensée de Franklin qui avait été publiée en France, avait aussi imaginé de substituer le cerf-volant aux barres élevées et, dès le mois de juin 1753, avant d'avoir connaissance des résultats de Franklin, il avait obtenu des signes électriques, plus merveilleux encore, parce qu'il avait eu l'heureuse idée de mettre un fil de métal dans toute la longueur de la corde qui mesurait 260 mètres. Plus tard, en 1757, de Romas répéta de nouveau ces expériences pendant un orage, et, cette fois, il obtint des étincelles d'une grandeur surprenante. « Imaginez-vous de voir, dit-il, des lames de feu de neuf ou dix pieds de longueur et d'un pouce de grosseur, qui faisaient autant ou plus de bruit que des coups de pistolet. En moins d'une heure, j'eus certainement trente lames de cette dimension, sans compter mille autres de sept pieds et au-dessous. » Un grand nombre de personnes, des dames auxquelles l'orage ne faisait pas peur, assistaient aux expériences dont la nature faisait elle-même les frais.

Ces essais n'étaient pas sans danger, comme on le devine facilement ; Romas fut une fois renversé par une décharge trop forte, mais sans recevoir de blessure grave.

Franklin fut le premier à mettre sa découverte en pratique ; il appliqua des conducteurs électriques à la protection des bâtiments publics et particuliers, et obtint des résultats merveilleux. La foudre venait échouer sur la pointe métallique et suivait docilement le conducteur jusque sous terre.

A partir de ce moment, l'usage des paratonnerres devint à peu près universel, et bien qu'il fût accueilli par quelques-uns avec méfiance, son utilité ne tarda pas à être généralement reconnue.

Les Etats d'Europe ne tardèrent pas à imiter le Nouveau-Monde. En Allemagne, en Angleterre, en Italie, on arma bientôt les édifices des grandes villes de tiges protectrices. Or, remarque curieuse, la France, qui avait précédé toutes les autres nations dans ses expériences sur l'électricité atmosphérique, ne fut pas une des premières à adopter l'usage du paratonnerre. On se montrait même assez hostile à cette innovation, et l'on allait jusqu'à accuser le paratonnerre de contrarier les voies de la Providence.

En 1766, l'abbé Poncelet, dans son ouvrage intitulé : *La Nature dans la formation du tonnerre et la reproduction des êtres vivants*, dans lequel il s'efforce de prouver que l'agent du tonnerre est le même que celui qui féconde la terre, s'élève énergiquement contre l'emploi des tiges métalliques dressées sur les maisons, et demande que par des règlements de police, on interdise la construction des paratonnerres.

Enfin, sur la demande réitérée d'un membre de l'Académie des Sciences, Le Roi, ami et admirateur de Franklin, le Louvre reçut, en 1782, le premier paratonnerre qui fût élevé en France sur un monument public. Peu de temps après, l'usage en devint général.

En 1784, l'Académie des Sciences rédigea la première instruction pour la construction des paratonnerres. Elle fut revue et corrigée en 1823, selon les nouveaux perfectionnements apportés à la protection des édifices. Depuis, on y a joint plusieurs notes et perfectionnements, datant de 1854, 1867 et 1903. Ces instructions se résument en ceci qu'il faut mettre les pièces métalliques les plus importantes de l'édifice en communication avec le paratonnerre dont le conducteur doit aller se perdre dans un puits. Mais ajoutons que les paratonnerres qui ne sont pas parfaitement établis sont plus dangereux qu'utiles, parce que, s'il y a, par exemple, une solution de continuité au conducteur, la charge électrique peut se précipiter sur une masse métallique quelconque, à travers les murs, et causer les plus grands ravages.

En effet, le conducteur doit communiquer avec de vastes masses d'eau ayant une étendue beaucoup plus grande que celle des nuages orageux ; l'eau elle-même deviendrait foudroyante si elle n'avait pas un écoulement suffisant. Il est dangereux d'enterrer le conducteur dans un sol humide : 1° parce que trop souvent on s'inquiète peu de savoir si cette couche humide est assez étendue ; 2° parce qu'on ne s'enquiert pas davantage de reconnaître si cette terre conserve une humidité suffisante aux temps de grandes sécheresses, c'est-à-dire au moment où les orages sont le plus à craindre. A défaut de rivières ou de vastes étangs, il faut mettre les conducteurs des paratonnerres en communication par les puits avec des nappes d'eau souterraines intarissables.

Dans sa statistique des coups de foudre qui ont frappé des paratonnerres ou des édifices et des navires armés de ces appareils, Quételet a mentionné cent soixante-huit cas de paratonnerres foudroyés, parmi lesquels il ne s'en trouve que vingt-sept, c'est-à-dire environ un sixième, où les paratonnerres, par suite de graves imperfections constatées dans leur construction, n'ont point rempli l'office qu'on attendait d'eux. Ce résultat est un des plus concluants en faveur de l'efficacité des paratonnerres, et il est, sans aucun doute, la meilleure réponse qu'on puisse faire aux objections mises en avant contre l'emploi de ces appareils.

Le cercle de protection n'est pas aussi étendu qu'on serait porté à le croire. Il ne s'étend pas à une distance de plus de trois ou quatre fois la hauteur de la tige au-dessus du toit : ainsi, un paratonnerre de 5 mètres ne protège pas plus de 15 ou 20 mètres de son point d'attache. L'effet dépend d'ailleurs de la nature du terrain et des matériaux qui entrent dans la construction de l'édifice.

Souvent, des bâtiments munis de paratonnerres sont foudroyés, parce que les tiges protectrices sont en nombre insuffisant pour l'étendue de l'édifice à protéger.

Pour remédier à ce défaut, on a créé des paratonnerres à pointes multiples, de véritables cages métalliques enveloppant le bâtiment d'une armature de fer, hérissée de pointes.

Ce système, dû à l'invention d'un physicien belge, M. Melsens, diminue de beaucoup les risques de fulguration et coûte beaucoup moins cher que l'établissement des paratonnerres à longues tiges.

Un paratonnerre de ce genre est installé sur l'hôtel de ville de Bruxelles qui, depuis, s'est trouvé protégé d'une manière efficace, tandis qu'auparavant, cet édifice avait été frappé de plusieurs coups de foudre, malgré les paratonnerres dont il était muni. Le treillis métallique est en communication avec les conduites d'eau et de gaz de la ville, et avec les tuyaux d'égouts.

Les abattoirs de la Villette, l'hôtel Sévigné et d'autres édifices à Paris sont armés d'un appareil semblable.

La tour Eiffel, à Paris, est également armée de plusieurs paratonnerres Melsens. Elle est très souvent frappée par la foudre, et jamais les personnes qui s'y trouvent, même au sommet, n'ont éprouvé la moindre commotion. L'éclair s'élance parfois du nuage orageux sur le point même : nous en possédons de curieuses photographies. En somme, elle constitue en elle-même un gigantesque paratonnerre.

On a parfois proposé des sortes de paratonnerres portatifs, des parapluies de soie, sans armature de fer, des vêtements de caoutchouc isolant : ce sont là des enfantillages.

Sans se laisser hypnotiser outre mesure par les dangers de la foudre, il est bon d'observer certaines précautions en temps d'orage.

La première, la principale, est d'éviter de se trouver sous les arbres quand la foudre déchire les nuées.

Redouter aussi le voisinage des fils télégraphiques afin d'échapper à l'influence des étincelles qui peuvent agir par induction.

L'ébranlement de l'air préparant une route excellente au fluide, il est bon de ne pas courir sous l'orage, et surtout, de ne pas sonner les cloches.

La promiscuité des animaux est des plus dangereuse, car on sait combien ceux-ci attirent la foudre.

Dans les maisons, on devra fermer portes et fenêtres afin d'éviter les courants d'air. Il sera prudent de s'éloigner des cheminées qui, très souvent, livrent passage au tonnerre, ainsi que des objets métalliques, trop bons conducteurs de l'électricité.

Mais il reste toujours à la foudre une certaine fantaisie, et c'est en cela que son étude est si curieuse. Souhaitons que ses faits et gestes soient de moins en moins dramatiques.

CHAPITRE X

LES RAYONS CÉRAUNIQUES

Images produites par la foudre

Je voudrais réunir en ce dernier chapitre les exemples d'images produites par la foudre, en certains cas assurément fort curieux, et dont la cause paraît être devoir être attribuée à des rayons d'une nature spéciale, que l'on peut qualifier de rayons *céritauniques* (Kéraunos, foudre). Ces exemples sont d'ailleurs très variés, et sans doute y aura-t-il lieu d'admettre plusieurs explications diverses... lorsqu'ils seront expliqués. En voici un choix digne d'attention.

Ici, comme en bien d'autres circonstances, il est extrêmement difficile de connaître la vérité avec précision.

En général, ce sont les journaux qui signalent les faits observés — plus ou moins exactement vus, et plus ou moins exactement décrits. J'ai fait les plus grands efforts pour être mis au courant des choses toutes les fois qu'il a été possible d'y arriver.

Le *Petit Marseillais* du 18 juin 1896 publiait la note suivante :

On nous écrit de Pertuis, le 17 juin :

« Au cours de l'orage d'avant-hier, deux journaliers de notre ville, Sasier Jean et Elisson Joseph, s'étaient réfugiés dans une cabane en roseaux. Ils se tenaient sur le seuil quand la foudre éclata sur eux, les projetant violemment à terre. Elisson, légèrement atteint, reprit bientôt ses sens et appela du secours. On accourut et on transporta les victimes à leur domicile, où des soins leur furent donnés.

» L'état de Sasier, quoique assez grave par suite d'une brûlure au côté droit, n'inspire pas d'inquiétude. Ce qu'il y a de curieux, ce sont les effets du fluide sur Elisson. La foudre lui a coupé une botte et lui a déchiré son pantalon; puis, comme un tatoueur qui userait de procédés photographiques, *elle a admirablement reproduit* sur le corps du journalier *l'image d'un pin*, d'un peuplier et du boîtier de sa montre. Voilà, à ne pas s'y méprendre, de la photographie à travers les corps opaques; fort heureusement, la plaque sensible — le corps d'Elisson — n'a été qu'impressionnée; tout le mal s'est borné à cela. »

À la lecture de ce récit, j'écrivis au maire de la commune de Pertuis pour lui en demander confirmation, et, s'il était possible, la photographie du phénomène. Par une heureuse circonstance, ce maire se trouva être précisément le docteur qui avait soigné la victime. Voici la réponse qu'il a bien voulu me donner :

« Le sieur Elisson Joseph, de Pertuis, âgé d'environ 38 ans, a été effectivement frappé de la foudre le 17 juin Appelé près de lui vers deux heures de l'après-midi, je constatai des brûlures superficielles formant une traînée qui partait du mamelon gauche, au niveau de la poche du gilet où se trouvait une montre en argent qui n'était pas arrêtée, descendait vers le nombril, puis obliquait fortement à droite vers l'épine iliaque antérieure et supérieure, et descendait le long de la face externe de la jambe droite jusqu'à la cheville, au niveau de laquelle la botte en fort cuir avait été crevée.

» A droite, un peu en dehors de la ligne verticale passant par le mamelon, était imprimée en rouge vif, le rouge de la brûlure au premier degré, *l'image d'un arbre*. Le pied correspondait au niveau du rebord des côtes, la cime un peu au dessus du mamelon. Cette image était nettement verticale. Elle se détachait avec des bords très nets de la peau blanche. Elle se composait de lignes légèrement surélevées, saillantes, larges d'environ un demi-millimètre. A son niveau, le gilet ni la chemise n'étaient nullement impressionnés ni brûlés. D'autres images de branches d'arbres étaient dessinées sur le haut de la poitrine, mais plus confuses, au milieu d'une rougeur érythémateuse uniforme. N'ayant pas sous la main mon appareil photographique, je pris un croquis de l'arbre qui était merveilleux de netteté, renvoyant au lendemain la prise d'un cliché photographique. Le lendemain, vers neuf heures, quand je revins avec mon appareil, l'image était encore légèrement visible, mais elle était très effacée, perdue dans la couleur de la peau et ne pouvant impressionner une plaque. Je regrettai vivement de ne pas l'avoir prise la veille. Je le regrette bien plus vivement aujourd'hui que vous me faites l'honneur de m'écrire, et je me fais un devoir de vous envoyer le croquis de l'image, fidèle quant aux dimensions, de la forme telle que je l'ai vue et que j'ai su la reproduire. »

Dr G. TOURNATOIRE.

Voici le fac-similé du croquis inséré dans la réponse du docteur.

C'est un peu la forme d'un peuplier. On ne voit pas qu'il s'agisse là de veines gonflées, d'artères marquées par un afflux de sang, ni d'une forme arborescente due à des vaisseaux sanguins dans lesquels le sang aurait pris un ton plus ou moins marqué. D'autre part, voir là une photographie, sans objectif, d'un arbre plus ou moins éloigné, c'est également une hypothèse difficile à justifier. Dans

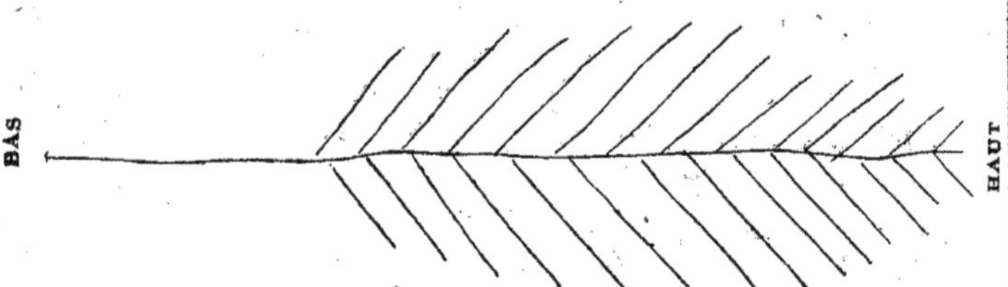

ces incertitudes, j'écrivis de nouveau au Dr Tournatoire et le priai de vouloir bien se rendre sur le lieu de l'accident, d'en dresser le plan et de faire la photographie du paysage. Voici la réponse du docteur :

Ce plan peut se reconstituer ici par quelques alignements typographiques suffisants pour concevoir comment les choses ont pu se passer.

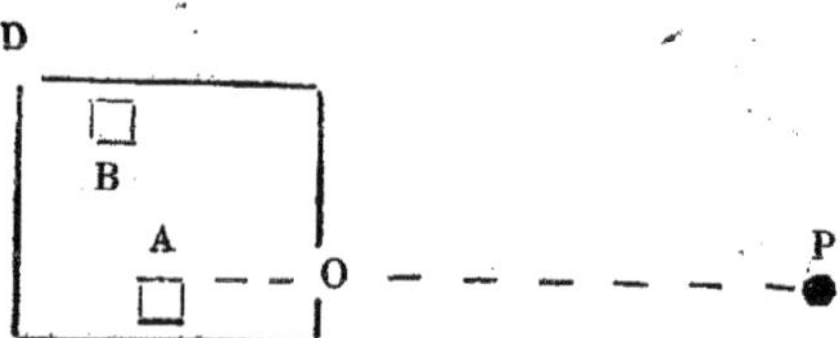

Ce rectangle représente la cabane dans laquelle s'étaient refugiés les deux ouvriers, qui s'étaient assis à peu près en face l'un de l'autre sur les sièges A et B. La foudre éclate. L'un des blessés A est renversé et porte sur le flanc droit l'image du peuplier P situé à 100 mètres et bien visible de A par la porte O dont l'ouverture est de 1 mètre. Derrière ce peuplier existe un grand sapin dont une branche a été également imprimée sur le corps du foudroyé. Par suite du même coup de tonnerre, l'autre ouvrier, assis en B, a été lancé à trois mètres en dehors de la cabane par une déchirure (D) dont la largeur est d'environ 40 centimètres. Les deux foudroyés ne sont pas morts et en ont été quittes pour quelques jours de repos. Ils n'ont rien vu, rien entendu, et ne se souviennent de rien.

Sur les photographies que M. le Dr Tournatoire a bien voulu prendre, on peut hésiter entre plusieurs arbres du paysage, car le peuplier P n'est pas isolé. Comme la cabane est recouverte d'un pin parasol, on peut se demander aussi si la foudre n'est pas tombée sur ce pin. Mais d'après la disposition des arbres relativement au foudroyé, le plus probable est que la décharge électrique est arrivée d'au delà du point P, dirigée sur A, et que le peuplier P, ainsi que le sapin voisin, auront formé écran et dessiné leur silhouette par suite d'une propriété encore inconnue des rayons céràuniques, capables de photographier une ombre à travers les vêtements, sur la peau humaine.

C'est là, assurément, un fait plus extraordinaire que ceux que l'on obtient par les rayons cathodiques et anti-cathodiques, mais que la science ne nous paraît pas encore en état d'expliquer non plus.

Continuons nos recherches. Il importe, avant tout, de ne pas admettre les récits des journaux sans vérification. Au mois de juin 1897, on pouvait lire dans les journaux de l'Est l'entrefilet suivant :

LE TONNERRE PHOTOGRAPHE. — Un chasseur du 15e bataillon, en garnison à Remiremont, a été atteint par la foudre. Ce militaire se trouvait sur un monticule, non loin d'un bosquet de sapins, au milieu des fougères. Fait curieux à noter, lors de la constatation du décès, on s'aperçut que son corps était couvert d'empreintes dessinées par la foudre et figurant la nature et l'espèce même des branchages et des verdures qui l'entouraient, etc.

J'écrivis aussitôt au chef du bataillon pour une confirmation précise, et je reçus la réponse suivante :

Monsieur le Commandant Joppé, chef du 15e bataillon de chasseurs, m'a communiqué votre lettre du 14 juin en me priant d'y répondre.

Il est bien exact qu'un chasseur du bataillon a été foudroyé dans l'après-midi du 4 juin, mais il est absolument inexact qu'on ait trouvé sur son corps la photographie des arbres voisins du lieu où s'est produit l'accident. Les vêtements de cet homme n'avaient subi aucun dommage et les seules traces constatées du passage de la foudre consistaient en de légères brûlures irrégulières à la partie supérieure de la fosse temporale droite, de forme linéaire, sauf une de forme circulaire mesurant 3 à 4 millimètres de diamètre et déprimant la peau en godet. Il n'y avait pas d'autre lésion sur toute la surface du corps.

MAUNY,
Médecin major, 15e bataillon de chasseurs.

Cette réponse était accompagnée du billet suivant :

J'ai tenu à ce que la réponse à la question posée par votre lettre du 14 courant fût faite par le médecin major de mon bataillon, afin de lui donner une authenticité plus scientifique et, j'ajouterai, plus péremptoire.

Veuillez agréer, etc.

JOPPÉ,
Chef de bataillon breveté,
Commandant le 15e bataillon de chasseurs des Vosges.

Remiremont, le 22 juin 1897.

On le voit : l'étudiant des phénomènes de la nature ne saurait prendre trop de précautions.

Pourtant... un officier supérieur me confiait récemment que « les médecins majors ne se donnent presque jamais la peine d'examiner vraiment les corps », et qu'il est possible que dans ce cas-ci « l'examen ait été... très superficiel ». Si cette règle est générale, il a dû y avoir exception ici, comme dans le cinquième exemple ci-dessous.

Le problème est loin d'être résolu, et nous ne pouvons que désirer l'étudier sur un assez grand nombre d'exemples. En voici un troisième :

Le dimanche 23 août 1903, un certain nombre de tireurs s'exerçaient au stand des Charbonnières, près du village Le Pont, à la vallée du lac de Joux (canton de Vaud, Suisse). Cinq cibles sur six étaient occupées. La ciblerie, à 300 mètres du stand, est située à la lisière d'un bois de sapins. Entre les deux s'étend un pâturage accidenté et rocailleux. La ciblerie seule possède un parafoudre; elle renfermait cinq marqueurs. *Une ligne électrique de six fils court le long de la ligne de tir;* les fils arrivent au stand et descendent jusqu'à 50 centimètres environ au-dessus des places des secrétaires. *Chaque cible a ainsi sa sonnerie particulière.*

Le temps, un peu couvert, n'était pas orageux. On tirait. Vers 3 h. 30 minutes, un coup de tonnerre éclate; la foudre tombe sur la ligne. Dans le stand, 28 hommes, tireurs, secrétaires et spectateurs, sont jetés à terre dans toutes les directions et dans toutes les positions. Les uns sont inertes, en état de mort apparente ; d'autres, comme asphyxiés, râlent péniblement. A la buvette, à côté du stand, personne n'a rien ressenti ; le coup même n'a pas surpris par sa violence. A un kilomètre de distance, les musiciens de la fanfare, qui donnaient un concert devant l'hôtel de la Truite, au Pont, continuent à souffler dans leurs instruments. Mais bientôt arrive tout courant un homme annonçant que 20 tireurs ont été tués! La consternation est générale; les secours s'organisent. Heureusement, le mal était moins grand qu'on le supposait.

Appelons A, B, C, D, E, les tireurs alignés et en fonction. Leurs secrétaires sont derrière eux.

Occupons-nous d'abord des tireurs et de leurs secrétaires; nous passerons ensuite aux tireurs qui attendaient leur tour, aux autres spectateurs qui se trouvaient dans le stand, enfin aux marqueurs de la ciblerie.

Les hommes tiraient à genoux ou étendus à terre.

Tireur A : est resté en joue, à genoux, « comme une statue », sans pouvoir faire un mouvement. Il « chavira » dès qu'on essaya de le toucher. Mort.

Tireur B : a « eu *un sapin marqué sur la poitrine* »; ce sapin était renversé, le tronc en bas; quelques points, vers le haut, rappelaient les racines; l'image était plutôt brunâtre que bleuâtre; on a eu l'idée qu'elle représentait un sapin parce qu'il s'en trouve à dix mètres du stand, mais *elle ressemblait plutôt à une branche de fougère.* Mort.

Tireur C : n'a presque rien ressenti, à part, en se relevant, une certaine lourdeur dans les jambes.

Tireur D : a eu des brûlures légères guéries au bout de deux ou trois jours.

Tireur E : tenait son fusil, le canon vertical; il s'est retrouvé à 2 m. 50 de sa place, par terre, avec une pierre dans les mains; le fusil a été fendu au défaut de la crosse.

Secrétaire A : tenait la poire de la sonnerie entre ses doigts, les coudes appuyés sur la table; n'a rien vu, rien entendu; il s'est subitement senti ployé en deux, la tête enfoncée dans le gravier; a perdu connaissance pendant qu'on l'emportait; en revenant à lui, il a commencé à divaguer; son crayon a été fendu longitudinalement en quatre. Le fil de sa sonnerie A a été volatilisé. En fait de blessure, il a eu « *une figure de branche de sapin dans le dos* »; de l'eau en a coulé comme des ampoules d'une brûlure; pas de traces de sang; l'image a disparu au bout de deux jours. Pendant un certain temps, le jeune homme a eu mal aux reins; actuellement encore, il boite assez bas; il s'agit probablement d'un cas de lumbago sciatique, suite d'une paralysie partielle et passagère.

Secrétaire B : n'a eu que des brûlures insignifiantes.

Secrétaire C : n'est revenu à lui qu'après vingt minutes au moins de respiration artificielle. A l'instant de l'accident, il pressait du pouce le bouton de la poire pour donner le signal : « changez de cible »; il a eu un petit trou au pouce; cette brûlure a saigné plus tard, et il a fallu quatre semaines pour guérir la plaie. Le même a souffert de brûlures aux jambes.

Secrétaire D : tenait la poire de la sonnerie appuyée contre la joue gauche au niveau de l'œil. La poire (en bois) a éclaté. La vision de l'œil gauche est très affaiblie, la rétine ayant probablement été déchirée. Le lendemain de l'accident, le visage du jeune homme disparaissait dans l'œdème, surtout la région autour des yeux. Ceux-ci étaient cachés. Cette enflure, de teinte bleuâtre, est due à la dilatation des petites veines ou des capillaires.

M. le Dr Yersin, qui a soigné plusieurs des victimes, attribue cette dilatation à une paralysie des nerfs vasomoteurs « *qui expliquerait également la forme arborescente des dessins cutanés observés* » et la transsudation de l'eau à travers les petits vaisseaux sanguins.

Secrétaire E : a eu le temps de voir tomber les hommes à sa gauche, dans une lueur verte ou violette. Il a entendu un râle général : « Aôôô... » puis, avant de se rendre compte de ce qui se passait, il était « bloqué » contre la paroi du stand. Blessure sous les pieds; pouce déchiré, probablement en voulant se retenir contre la paroi.

Derrière les secrétaires se trouvaient une dizaine de tireurs et quelques spectateurs. Sur la gauche, le courant a laissé intacts les fusils déposés au râtelier. Tout près de là, un homme attendant son tour est tombé en se cramponnant au cou d'un de ses camarades, atteint comme lui. Plus tard, il retrouva son porte-monnaie au milieu du stand.

Sur plusieurs des spectateurs, les brûlures, peu profondes, étaient réparties par plaques séparées L'un a eu les cheveux brûlés, sur une place grande comme une pièce de cinq francs; d'autres, blessés aux pieds ou aux jambes, croient avoir vu une petite flamme bleue au bout de leurs souliers.

Le sentiment général fut d'abord l'ahurissement; la frayeur ne vint qu'ensuite. « Ceux qui n'ont pas perdu complètement connaissance étaient tout hébétés » On a vu un jeune garçon, cloué contre la paroi, incapable de tout mouvement, et pleurant de son impuissance à aller retrouver son père, étendu comme mort sur le sol. Deux hommes se sauvèrent sans lâcher leurs fusils ; — un autre courut jusqu'au village ; quelques heures après on l'y retrouva endormi dans une maison « où il n'avait pas affaire ». — Un jeune spectateur, étranger à la localité, fut atteint d'une paralysie partielle du cervelet et du cerveau : il perdait l équilibre en marchant, et lorsqu'on l'interrogeait, il répondait en débitant des noms de localités, toutes stations d'une ligne de chemin de fer suisse. Il va mieux maintenant.

A la vallée de Joux, on se souviendra longtemps de ce coup de foudre. Mais l'explication des images céрauniques donnée par le Dr Yersin ne nous paraît pas démontrée.

Voici un quatrième exemple, qui m'a été transmis il y a fort longtemps par l'un des plus savants physiciens du dix-neuvième siècle, Hirn, de l'Institut.

J'ai à vous rendre compte, m'écrivait-il en juillet 1866, d'un coup de foudre très singulier dans ses effets, qui a eu lieu le 27 juin, à midi, à Bergheim, village situé au nord de Logelbach, et au pied des Vosges. La foudre est tombée sur un tilleul. Deux voyageurs qui s'étaient mis à l'abri de l'arbre ont été renversés sans connaissance : l'un avait été soulevé à plus d'un mètre de hauteur et est retombé sur le dos. On les croyait morts, mais par les soins immédiats qui leur ont été donnés, ils sont revenus à eux et sont aujourd'hui hors de danger. Voici le côté très curieux de l'accident. Les deux voyageurs portent sur le dos, et jusqu'aux cuisses, l'*empreinte, comme photographiée*, *des feuilles du tilleul ;* d'après la relation du maire, M. Radat, *le dessinateur le plus habile n'aurait pu faire mieux.*

Ce coup de foudre a donné lieu pour moi à une observation que j'ai faite plusieurs fois déjà. Bien que Bergheim soit au moins à 5 kilomètres de Logelbach, l'éclair très intense du coup de foudre n'a été pour moi séparé du tonnerre que de 2 secondes au plus On peut admettre qu'un instant avant un coup de foudre et par suite de l'action par influence de la terre, l'électricité s'accumule à la partie inférieure du nuage sur une très grande étendue ; et, comme l'éclair a lieu sur toute la longueur de la nuée à la fois, si la nuée atteint le zénith, l'intervalle entre l'éclair et le tonnerre, répondant au minimum de distance à l'observateur, doit être très court, bien que le lieu frappé puisse être très éloigné.

Voici un cinquième exemple que je trouve dans mes documents. Le fait s'est passé près de Chambéry, le 29 mai 1868.

Pendant un violent orage, un soldat du 47e de ligne fut foudroyé sous un châtaignier. Dans une note rédigée le 18 juin par un savant docteur de l'hôpital de Chambéry, témoin oculaire des faits, se trouvent exposées les observations suivantes :

« ... L'homme mortellement atteint était placé au milieu d'un groupe de huit soldats ayant l'arme au bras, sans baïonnette. Frappé dans la région du cœur, il n'a succombé qu'au bout d'un quart d'heure, après avoir prononcé quelques mots. Le cadavre présentait une plaque ovale de 13 à 14 centimètres de longueur, sur 4 à 5 de largeur, occupant en grande partie la région précordiale et offrant l'aspect parcheminé d'un vésicatoire rapidement séché. Les vêtements n'avaient été ni déchirés ni brûlés.

» Deux heures après la mort, l'examen du cadavre a permis de constater un phénomène signalé déjà par quelques observateurs, la production d'images photo-électriques.

» Sur le membre supérieur droit existaient *trois bouquets de feuilles* d'une coloration rouge violet plus ou moins foncé, et reproduites dans leurs plus petits détails *avec la fidélité photographique la plus parfaite.* Le premier, situé à la partie moyenne de la face antérieure de l'avant-bras, représentait une branche allongée munie de feuilles ressemblant à celles du châtaignier; le second, paraissant formé de deux ou trois rameaux réunis, apparaissait vers le milieu de la face externe du bras, et le troisième, enfin, au centre de l'épaule, plus étendu, arrondi, ne laissait voir des feuilles et quelques ramuscules qu'à sa partie supérieure et vers ses bords, le centre présentant une teinte rouge allant en diminuant vers la circonférence. Le corps n'a présenté à l'autopsie aucune lésion intérieure. »

Voici un sixième cas:

Au mois de juin 1869, un trappiste fut foudroyé au monastère de Scourmant, territoire de Farges, près Chimay (Belgique). C'était dans l'après-midi, les religieux étaient occupés au fanage; survient un orage qui les oblige à chercher un abri. L'un d'eux, qui dirigeait la faucheuse mécanique mue par deux chevaux, conduisit l'attelage près d'une clôture en fils de fer et s'agenouilla contre ce treillis. Un horrible coup de tonnerre éclate, les chevaux s'enfuient épouvantés; le trappiste reste la face contre terre. Les autres, qui l'ont vu tomber, accourent et le trouvent raide mort. Le médecin du monastère, mandé aussitôt, constata sur le corps deux brûlures larges et profondes, de forme identique et disposées symétriquement de chaque côté de la poitrine ; il fit remarquer en outre aux personnes présentes une tache blanche sous l'aisselle droite, *formant l'image bien distincte d'un tronc d'arbre garni de ses rameaux.*

Sur ces six cas, il y en a cinq de certains.

Le Dr Lebigue, maire de Nibelle (Loiret), a publié la relation suivante dans le *Moniteur* du 9 septembre 1864 :

Le dimanche 4 septembre 1864, vers dix heures et demie du matin, trois hommes étaient occupés à cueillir des poires à deux cents mètres du bourg de Nibelle, lorsque la foudre tomba sur le poirier, le contourna du sommet à la base en forme de vis sans fin, enlevant l'écorce et du bois de l'épaisseur d'un centimètre ; puis, quittant l'arbre, tomba sur la tête d'un des ouvriers qui mangeait son pain et le tua, ainsi qu'un chien assis à ses côtés. Le corps était comme brûlé par derrière du haut en bas, et conservait une très forte odeur de soufre.

Les deux autres ouvriers qui étaient sur le poirier furent jetés à terre et restèrent quelque temps sans connaissance. Lorsqu'ils revinrent à eux, ils ne pouvaient remuer les jambes. On les transporta à leur demeure, et on les trouva tous deux atteints par le fluide. Chose merveilleuse, l'un d'eux avait *des branches et des feuilles de poirier distinctement daguerréotypées* sur la poitrine. A cela près, le terrible photographe avait été assez bénin, car dès le soir, les foudroyés pouvaient se lever et commencer à marcher.

Les *Comptes rendus* de l'Académie des Sciences de l'année 1843 (XVI, p. 1328) rapportent qu'en juillet 1841, dans le département d'Indre-et-Loire, la foudre tomba sur un magistrat et sur un garçon meunier, dans le voisinage d'un peuplier. On remarqua avec surprise qu'ils avaient sur la poitrine des taches parfaitement semblables à des feuilles de peuplier. Ces marques s'effacèrent graduellement à mesure que la circulation se rétablit. Chez le garçon meunier, qui resta mort sur le coup, ces marques étaient un peu affaiblies le lendemain, par le commencement de la décomposition générale.

A propos de ce cas, fort analogue aux précédents, Arago rappela qu'en 1786, Leroy, membre de l'Académie des Sciences de Paris, avait déclaré que Franklin lui avait plusieurs fois répété qu'un homme se tenant sur le pas d'une porte pendant un orage, avait vu la foudre tomber sur un arbre, vis-à-vis de lui, et que la « contre-épreuve » de cet arbre avait été marquée sur la poitrine du foudroyé. Arago rappela également en cette circonstance un rapport de Bossut et Leroy, fait à l'ancienne Académie le 2 août 1786, dans lequel il était question d'un homme frappé à mort par la foudre le 10 mai 1585, dans la collégiale de Riom, en Auvergne : chez cet homme, le fluide, entré par le talon, avait sorti par la tête, laissant sur le corps des marques singulières décrites dans le rapport. Les membres de cette commission pensaient que la foudre, dans son passage, ayant forcé le sang dans tous les vaisseaux de la peau, aurait rendu sensibles au dehors toutes les ramifications de ces vaisseaux. Tout extraordinaire que ce fait paraisse, poursuivent les rapporteurs, il n'est pas nouveau ; le P. Beccaria en cite un du même genre ; c'est ici que le cas de Franklin est présenté comme étant de la même nature. Enfin, Besile, l'auteur de la relation du coup de foudre de Riom, « ne balançait pas, a-t-il dit, à attribuer cet effet à la cause à laquelle nous l'avons rapporté, d'après lui, c'est-à-dire à l'éruption du sang dans les vaisseaux de la peau, et qui, dans cet instant, forme un effet tout semblable à celui d'une injection. » La note des *Comptes rendus* porte d'ailleurs pour titre : « Apparence singulière des

Ecchymoses formées par la foudre sur la peau de deux individus. »

La question est précisément là. N'y a-t-il, dans ces images, que des ecchymoses, des infiltrations du sang dans le tissu cellulaire? Peut-être, en certains cas; mais non toujours. La photographie, les images photo-électriques produites dans les laboratoires de physique, les figures de Moser, les fleurs de Lichtenberg, les rayons cathodiques, les rayons Röntgen, la radiographie, nous ouvrent aujourd'hui de tout autres horizons. Et lors même que nous n'en trouverions aucune explication suffisante, nous ne serions pas autorisés pour cela à nous borner à la première et à la considérer comme satisfaisante, si elle ne l'est pas.

On trouve, dans une excellente monographie de ces faits par Andrès Poey, directeur de l'observatoire de la Havane (1861), la curieuse petite citation suivante :

« J'ai cent fois entendu raconter dans mon enfance, dit M. Raspail, un fait de ce genre, dont tout le pays avait pu être témoin. Un enfant était monté sur un peuplier d'Italie pour aller y dénicher un nid d'oiseau; la foudre éclate et jette l'enfant sur le sol; ce pauvre malheureux portait sur la poitrine le décalque du peuplier, sur un rameau duquel on distinguait fort bien et le nid et l'oiseau tant convoité. »

Si l'observation de ce cas était bien sûre, elle trancherait la question. Raspail n'a pas vu le fait lui-même. Il n'en doutait pas, toutefois, et ajoutait que « la foudre décalque fort souvent, sur la peau du foudroyé, les objets qu'il porte sur lui ou qui se trouvent sur le passage du dard électrique ». Quel est ce *dard!* Voici ses propres termes : « Une fois qu'il est admis que l'éclair foudroyant n'est qu'un dard comburant, rien n'est plus facile à expliquer que ces résultats qui jusqu'ici ont paru inexplicables. En effet, le dard enflammé affecte une forme conique. Les objets qui se trouvent sur son passage et dont le plan est perpendiculaire à son axe forment un écran capable d'intercepter les rayons qui y aboutissent, et de faire ombre, pour ainsi dire, à son action, sur les corps que tout le reste du dard doit atteindre. Donc, tout ce qui aura fait écran colorera autrement la peau du foudroyé que les rayons qui l'auront frappée sans obstacle ; il pourra même arriver que, lorsque l'écran est perméable, le rayon dard qui le traversera en transporte la couleur vaporisée et non calcinée sur le décalque. Or, la figure de l'écran sera d'autant plus réduite que la surface foudroyée se trouvera située plus près du sommet de ce dard conique. La lentille de verre produit une semblable réduction en réfractant les rayons lumineux; et le cas qui nous occupe n'est qu'une application de la théorie du compas de réduction [1]. »

Ne nous pressons pas d'imaginer des hypothèses explicatives ; les seules découvertes récentes sur les rayons nouveaux en fourniraient peut-être plus d'une. L'important, d'abord, est d'être sûrs que les images observées ne sont pas des ecchymoses. Voici encore quatre faits extraits de la monographie de Poey [2].

[1] Raspail. *Revue complémentaire des sciences appliquées.* Bruxelles, 1855. I, p. 282.

[2] *Relation historique des images photo-électriques de la foudre.* Paris, 1861.

Mme Morosa, de Lugano, assise près d'une fenêtre pendant un orage, éprouva une commotion dont on ne dit pas qu'elle ressentit de mauvais effets; mais *une fleur* qui se trouva dans le courant électrique fut *dessinée* parfaitement sur sa jambe, et cette image se conserva le reste de ses jours.

En août 1853, une jeune fille, aux Etats-Unis d'Amérique, se trouvait devant une fenêtre en face d'un noisetier, au moment d'une éblouissante décharge électrique; l'*image entière de l'arbre* fut reproduite sur son corps.

En septembre 1857, une paysanne de Seine-et-Marne, qui gardait une vache, fut foudroyée sous un arbre. La vache fut tuée et sa gardienne resta étendue sans mouvement. Quelques soins empressés lui rendirent le sentiment de l'existence. Mais en écartant les vêtements pour la secourir, on aperçut, parfaitement gravée sur la poitrine, *l'image de la vache.*

Le 16 août 1860, la foudre est tombée sur un des moulins de Lappion (Aisne), appartenant à M. Carlier. Sur le dos d'une femme de quarante-quatre ans, la foudre a laissé tracée, en teinte rouge, la reproduction d'un arbre dont on distinguait *le tronc, les branches et les feuilles.* Les vêtements ne portaient aucune trace de passage de la foudre.

A moins de supposer que tous ces cas ont été mal observés, il me semble que nous sommes forcés d'admettre qu'il y a autre chose que des ecchymoses, autre chose que des produits veineux ou artériels, dans ces dessins tracés par la fulguration.

Certaines figures arborescentes offrent quelque ressemblance avec celles que nous obtenons en photographiant les décharges électriques sur des plaques sensibles. Ne seraien-telles pas produites par cette décharge à la surface du corps — ou par la sortie de l'électricité du corps foudroyé ?

Les images suivantes, que nous distinguons des

premières, sont plus faciles à expliquer et ne laissent aucun doute sur leur authenticité.

Dans l'été de 1865, un médecin des environ de Vienne (Autriche), le docteur Derendinger, revenait chez lui en chemin de fer. En descendant, il s'aperçut qu''il n'avait plus son porte-monnaie, qu'on lui avait sans doute volé. Ce porte-monnaie était en écaille, portant d'un côté en incrustation d'acier le chiffre du docteur, deux D croisés. Quelque temps après, le docteur fut appelé auprès d'un étranger qu'on avait trouvé gisant inanimé sous un arbre et qui avait été frappé par la foudre. La première chose que le docteur remarqua sur le malade, ce fut son chiffre comme photographié sur la peau de la cuisse. Qu'on juge de son étonnement: Ses soins parvinrent à ranimer le malade qu'il fit transporter à l'hospice. Là, le docteur annonça que dans les vêtements devait se trouver le porte-monnaie en écaille. Le fait fut vérifié. L'individu frappé par la foudre était le voleur. Le fluide, en l'atteignant, avait été attiré par le métal du porte-monnaie et, en fondant le chiffre incrusté, en avait laissé la trace sur le corps.

Dans cette photographie d'un chiffre métallique on pense logiquement à la galvanoplastie et à un transport de substance, d'autant plus que nous avons un certain nombre de cas de fulguration qui appartiennent certainement à cette catégorie. Ainsi, par exemple, le 25 juillet 1868, à Nantes, un voyageur, près du pont de l'Erdre, sur le quai Flesselles, fut enveloppé par un éclair très vif et continua son chemin sans éprouver aucun malaise. Il avait sur lui un porte-monnaie contenant deux pièces d'argent dans un compartiment et une pièce d'or de 10 francs dans un autre compartiment. Une couche d'argent enlevée à une pièce de 1 franc recouvrait les deux faces de la pièce de 10 francs. La pièce d'argent, légèrement diminuée, particulièrement sur une moustache de Napoléon III, était en ces endroits légèrement bleuâtre. Ce transport d'argent sur une surface d'or s'est effectué à travers l'enveloppe de peau du compartiment[1].

Autre cas. On lit dans les *Annalen der Physik*, de Gilbert (1817), que la foudre étant tombée sur la tour d'une chapelle près de Dresde, enleva l'or de l'aiguille du cadran de l'horloge pour aller dorer le plomb des vitraux de la fenêtre de la chapelle, sans que ceux-ci présentassent la moindre trace de fusion.

Dans ces circonstances, c'est évidemment là une action analogue à celle de la galvanoplastie. Mais il n'en est pas de même dans les fulgurations précédentes : les arbres n'ont rien de métallique, n'ont donné lieu à aucun transport, paraissant avoir été photographiés sur les corps des victimes par les rayons cérauniques.

Le 9 octobre 1836, la foudre tomba près de Zante et tua un jeune homme. Le cadavre avait, au milieu de l'épaule droite, *six cercles* couleur chair, qui paraissaient d'autant mieux tranchés que la peau était noirâtre. Ces cercles, l'un à la suite de l'autre, se touchant en un point, étaient de trois grandeurs différentes, correspondant exactement à ceux des monnaies d'or que le jeune homme avait du côté droit de sa ceinture, ce que le juge instructeur et tous les témoins ont certifié après comparaison.

Nous pensons ici aux *radiographies*.

Un correspondant de l'astronome Poey lui a affirmé qu'il avait connu une dame de Trinidad, île de Cuba, foudroyée dans sa jeunesse, et sur le ventre

[1] Académie des Sciences, 3 août 1868.

de laquelle la foudre avait imprimé un peigne métallique qu'elle portait dans son tablier.

Dans ces derniers exemples, il y a en quelque sorte contact des objets avec la personne. C'est comme une ombre produite par les rayons céranniques et fixée sur la peau devenue plaque sensible. Voici d'autres cas, dans lesquels les objets photographiés sont éloignés, mais métalliques, ce qui nous ramènerait à la galvanoplastie.

En septembre 1825, la foudre tomba sur le brigantin *Il Buon-Servo*, à l'ancre dans la baie d'Armiro (Italie). Un matelot assis au pied du mât de misaine fut tué par la foudre. On remarqua sur son dos une trace légère jaune et noire, qui partait de son cou et se terminait aux reins, et là se trouvait imprimé un fer à cheval parfaitement distinct et *de même grandeur que celui cloué sur le mât*.

Le mât de misaine d'un autre brigantin fut foudroyé dans la rade de Zante (Italie). On vit, sous la mamelle gauche d'un marinier tué, un numéro 44 que tous ses camarades attestaient ne pas exister auparavant. Ces deux chiffres, grands et bien formés, avec un point au milieu, étaient parfaitement *identiques avec le même numéro en métal* attaché à un agrès du bâtiment, placé entre le mât et le lit du marin, qui était endormi lorsqu'il fut foudroyé.

Malgré le témoignage de ses compagnons, n'était-ce pas un tatouage ?

M. José-Maria Dau, de la Havane, rapporte qu'en 1838, dans la province de Candalaria, île de Cuba, on trouva, sous l'oreille droite et sur ce côté du cou d'un jeune homme foudroyé, l'image d'un fer à cheval, qui avait été cloué à peu de distance contre une fenêtre.

Ces divers témoignages nous conduisent à penser : 1° que la céraunographie doit représenter pour nous une nouvelle branche de la physique méritant d'être étudiée, et 2° que les faits dont elle se compose sont assez différents les uns des autres pour nous montrer qu'il y a ici en jeu plusieurs ordres distincts de phénomènes.

Ce n'est pas d'aujourd'hui, d'ailleurs, que les images produites par la foudre sollicitent l'attention des observateurs.

Un religieux, le R. P. Lamy, de la Congrégation de Saint-Maur, a publié en 1696 un excellent opuscule [1], dicté par le bon sens le plus clair, sur de curieux effets de la foudre, qui étaient alors le sujet des commentaires les plus superstitieux. Voltaire n'eût pas mieux raisonné.

Il s'agit vraiment là, du reste, de deux cas tout particulièrement remarquables.

Le premier, arrivé à l'abbaye de Saint-Médard, de Soissons, le 26 avril 1676, concerne un coup de foudre dans lequel celle-ci s'est abattue sur la tour de l'abbaye, est entrée dans le clocher, au travers d'une muraille de huit pieds, par un trou conduisant une verge de fer à l'aiguille du cadran, a détaché deux planches hautes de quatre pieds et les a lancées à l'extrémité du dortoir, à vingt toises, et a suivi un fil de laiton tendu le long de la muraille en le consumant et en l'étendant sur le mur comme un ruban de couleur imitant un sillon de flammes. Voici la description de l'auteur :

L'effet qui paraît le plus surprenant et qui a excité la curiosité d'une infinité de personnes, c'est une espèce de frise de toutes sortes de couleurs, marquée le long de la

[1] *Conjectures physiques sur les plus extraordinaires effets du Tonnerre*. Paris, MDCXCVI.

muraille des chambres du dortoir, précisément au-dessus des portes. La largeur de cette frise est de près de deux pieds; sa longueur est presque égale à celle du dortoir; les figures qu'elle représente sont des flammes qui s'élancent également en bas et en haut, et se terminant de part et d'autre en pyramides. sont attachées par la base à une espèce de cordon qui règne le long de la frise dans le milieu.

J'ai fait imiter un morceau de cette frise, afin d'en donner une idée; mais il faut avouer qu'il est bien difficile que l'art puisse arriver à imiter parfaitement les variétés qui se trouvent dans cette peinture; il y a des nuances inimitables. Bien des gens prétendent voir au milieu de ces couleurs et de ces flammes, des visages d'hommes, des marmousets et même des démons; mais ceux qui n'ont pas l'imagination si forte n'y voient rien de tout cela.

Voici un fac-similé du dessin du P. Lamy :

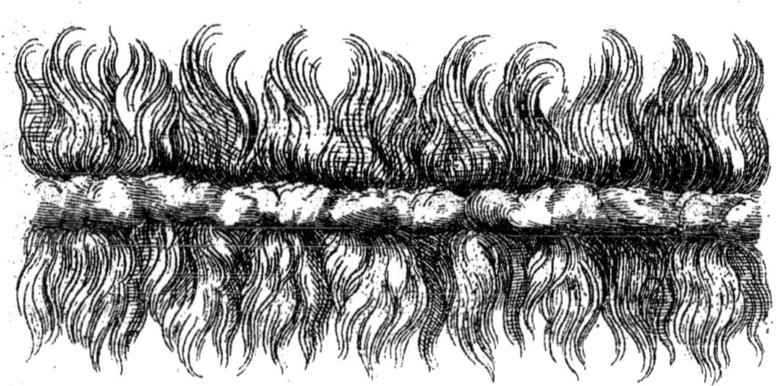

A cette époque, les physiciens croyaient que le tonnerre était « une exhalaison de nitre et de soufre » agissant un peu comme la poudre et pouvant tout consumer ou renverser sur son passage. Dans le cordon tracé par la foudre, l'auteur voit un transport de toutes les parties, extrêmement déliées, du fil de laiton, projetées par la foudre en toutes sortes de couleurs dues à la dilution du cuivre fondu et vaporisé sur une largeur d'une peinture de deux pieds, les couleurs, où le jaune domine, variant selon l'épaisseur et les inégalités de la projection.

Le second cas examiné par le P Lamy concerne un coup de foudre, véritablement extraordinaire entre tous, et d'ailleurs l'un des plus mémorables dans l'histoire du tonnerre, arrivé en l'église Saint-Sauveur, de Lagny, le 18 juillet 1689. Ecoutons la relation de l'auteur.

Si la diversité et la bizarrerie des mouvements et des pensées que le peuple a eus sur les effets du tonnerre de Lagny pouvaient recevoir quelque excuse, on la trouverait assurément dans l'extraordinaire et le merveilleux de cet événement.

Car, en effet, que peuvent naturellement penser des esprits accoutumés à chercher mystère dans les choses les plus évidemment naturelles, des hommes dont toute la philosophie ne passe pas les sens, lorsqu'ils apprennent :

1° Que le tonnerre s'est précipité non seulement sur le clocher d'une église, qu'il a dépouillé de ses ardoises, non seulement sur près de cinquante personnes qui priaient Dieu dans cette église ou qui sonnaient les cloches et lesquelles personnes ont toutes été violemment renversées par terre, mais aussi sur le grand autel où il a fait bien du désordre ;

2° Qu'il a renversé et brisé le piédestal, sur lequel la figure du Sauveur était élevée au haut du rétable d'autel; ce qui toutefois n'a pas empêché que cette figure ne soit demeurée miraculeusement suspendue dans la même place, car c'est ainsi qu'on le raconte ;

3° Qu'il a enlevé le rideau dont le tableau de l'autel était couvert ; et qu'en un instant, il l'a retiré de la verge de fer qui le soutenait, et jeté par terre sans avoir ni rompu, ni fondu aucun de ses anneaux qui n'étaient que de cuivre et sans avoir déplacé la verge de dessus les pitons qui la portaient;

4° Qu'il a renversé l'huile de la lampe qui brûlait devant le grand autel;

5° Qu'il a brisé en deux pièces la pierre sur laquelle on consacre;

6° Qu'il a déchiré en quatre pièces le carton sur lequel le canon de la messe était imprimé;

7° Qu'il a déchiré la nappe de l'autel et le tapis qui la couvrait, l'un et l'autre d'une manière singulière, c'est-à-dire en forme de croix de saint Antoine;

8° Qu'on a vu le grand autel tout en feu;

9° Qu'il a brûlé une partie des nappes et du tabernacle, sur lequel il a formé plusieurs ondes noires;

10° Qu'enfin il a imprimé sur la nappe de l'autel les sacrées paroles de la consécration, à commencer depuis celles-ci : *Qui pridie quam pateretur*, etc., jusqu'à ces autres inclusivement: *Hæc quotiescumque feceritis in mei memoriam facietis;* n'ayant omis que celles qu'on a accoutumé d'imprimer avec quelque distinction, savoir : HOC EST CORPUS MEUM ; et HIC EST SANGUIS MEUS, etc.

Que peuvent, dis-je, se figurer des esprits peu philosophes sur une relation aussi surprenante que celle-là ; que penser de ce choix, de ce discernement, de cette mystérieuse préférence de quelques paroles aux autres ? Quelles seront les privilégiées, ou de celles qui sont écrites ou de celles qui sont omises ? Que s'imaginer de cette prodigieuse suspension de la figure du Sauveur ? Que soupçonner de cette bizarre impression de croix ? Comment se défendre sur tout cela de mille funestes ombrages, de mille erreurs paniques, de mille cruelles inquiétudes ?

Je ne sais si autrefois le malheureux Balthazar, inopinément frappé du terrible spectacle d'une main inconnue, qui sur les murailles de la salle du festin écrivait en chiffres son arrêt de mort, fut agité de plus de différentes pensées et de divers mouvements que ne l'ont été la plupart des spectateurs et même des auditeurs des effets du tonnerre de Lagny. Car enfin l'on ne doute pas que ce ne soient de vrais prodiges beaucoup au-dessus de toutes les forces de la nature corporelle : l'on n'hésite pas à regarder les esprits comme les seuls opérateurs de ces merveilles ; on n'est en peine que de savoir si ces esprits sont du nombre des bons ou des mauvais. Les uns tiennent pour les bons ; et ils en jugent ainsi par l'omission de ces paroles : *Hoc est corpus meum* et *Hic est sanguis meus*, etc., et qu'ils croient avoir été faite par respect pour le mystère.

Les autres ont recours aux malins esprits, et sur cela l'on est encore partagé. Il y en a qui veulent que ce soient des esprits malins d'une malice noire, pour avoir ainsi profané les choses saintes et supprimé par mépris et par quelque mauvais dessein des paroles si essentielles au mystère ; et les autres soutiennent que ce ne sont que des esprits follets, qui ont fait plus de peur que de mal, et qui ont voulu se divertir, eux et les autres, par cette variété de mouvements et cette bizarrerie d'effets. Pour moi, je n'entre dans aucun de ces partis. »

La relation du P. Lamy se continue par l'examen de tous les effets qui viennent d'être rapportés, et qu'il explique le plus simplement du monde, sans être obligé de recourir à aucune cause occulte. Il arrive ensuite au dernier et au plus extraordinaire.

« Ne voulant me fier qu'à mes yeux, je me rendis dans l'église où le tonnerre était tombé, et les éclaircissements que j'eus de la vue sensible des effets me payèrent bien de ma peine.

» J'examinai avec beaucoup de soin la nouvelle impression sur la toile. Je la trouvai belle et nette, les lettres bien finies, mais l'encre un peu déchargée, je veux dire un peu passée.

» Comme M. le curé de Saint-Sauveur (qui eut la bonté de me faire tout voir) m'assura que dans le moment de la chute du tonnerre, le triple carton qui contenait le canon de la messe était déployé entre le tapis et la nappe de l'autel, au-dessus de la pierre sur laquelle on consacre, et tellement renversé, que le côté imprimé portait immédiatement sur la nappe, je comparai l'impression du tonnerre avec celle des hommes, et je trouvai que ce n'était pas simplement les mêmes caractères, mais aussi le même sens, le même discours, le même arrangement de mots, de lignes, de distances, de lettres grandes et petites : enfin le même arbre et la même disposition ; avec cette seule différence que les lettres étaient renversées de droite à gauche, je veux dire que le côté qui sur le carton tenait la droite était à gauche sur la nappe, de sorte que l'on pouvait facilement lire cet écrit, soit par derrière au travers de la nappe, soit par l'entremise d'un miroir qui redressait les lettres.

» Enfin je remarquai que les paroles que le tonnerre n'avait pas imprimées sur la nappe et qu'il avait omises, quoique mêlées avec les autres, que ces paroles, dis-je, se trouvaient en lettres rouges sur le carton, et qu'en cela elles n'avaient été ni plus privilégiées ni plus maltraitées que quelques autres traits qui ne signifient rien, et lesquels étant en rouge sur le carton, ne se trouvaient point imprimés sur la nappe. »

L'auteur explique ensuite le fait du décalque des lettres noires sur la nappe, et de l'omission des lettres rouges, par la pression du coup de tonnerre, qui, du reste, fendit la pierre de l'autel, et par la différence des deux encres, la noire étant plus grasse et la rouge plus sèche. Il examina ensuite les autres phénomènes produits par cet extraordinaire coup de foudre. Ainsi le « miracle » fut expliqué physiquement par un religieux éclairé et sagace observateur.

On voit par là que les études sur les phénomènes de la foudre ne datent pas d'aujourd'hui, et qu'elles étaient déjà consciencieusement faites il y a plusieurs siècles.

Dans le cas du canon de la messe imprimé par le tonnerre de Lagny, il y a eu impression par contact, par compression, et électrisation, et non production d'images à distance. Comme nous le remarquions plus haut, il y a dans ces effets de la foudre une très grande variété et diverses forces en jeu. Voici encore un autre cas non moins remarquable.

Isaac Casaubon rapporte dans son *Adverseria* le témoignage suivant de l'évêque protestant d'Ely sur l'impression de croix sur le corps de plusieurs personnes produite par un coup de foudre dans une église.

Un jour d'été (vers 1595), pendant que le peuple assistait à l'office divin dans la cathédrale de Wells, on entendit deux ou trois coups de tonnerre des plus terribles, et dont on fut si effrayé, que tout le monde se jeta par terre... La foudre tomba sur le champ, sans cependant faire de mal à personne. Mais ce qu'il y a d'étonnant, et ce qui fut ensuite constaté par plusieurs témoins, c'est qu'on trouva des *croix imprimées sur le corps de* ceux qui avaient assisté à l'office. L'évêque de Wells assura à celui d'Ély que son épouse lui avait affirmé qu'elle avait sur le corps la figure d'une croix, ce qu'elle regardait comme l'effet d'un miracle, et que l'évêque s'en étant moqué, sa femme lui en avait aussitôt donné la preuve. Il paraît même que l'évêque aurait trouvé sur son propre corps une marque semblable (sur son bras, autant que je puis m'en souvenir); les uns l'avaient sur les épaules, d'autres sur la poitrine. Tel est le fait que m'a rapporté l'évêque d'Ely, m'assurant qu'il avait été bien vérifié, et qu'il avait toute l'authenticité qu'on pouvait désirer.

Que dirons-nous, maintenant, de la photographie d'un paysage sur l'*intérieur* de la peau de moutons foudroyés ? L'observation en paraît pourtant bien authentique.

En 1812, à quatre milles de la ville de Bath, près du village de Combe-Hay (Angleterre). se trouvait un bois étendu composé en grande partie de noisetiers et de chênes. Au centre de ce bois, était un champ de près de cinquante yards, où reposaient six moutons qui furent tous foudroyés à mort Lorsqu'on voulut les dépouiller, on observa sur le côté intérieur de chaque peau, ou entre le cuir et la chair de ces moutons, un fac-similé d'une portion du paysage d'alentour si fidèlement reproduite que l'on pouvait distinguer jusqu'aux accidents du terrain. Ces peaux furent exposées en public dans la même ville de Bath.

Ce cas d'image fulgurique, à peine croyable, a été communiqué par James Shaw à la Société météorologique de Londres dans sa séance du 24 mars 1857. Voici les propres paroles de l'observateur :

« When the skins were taken from the animals, a fac-simile of a portion surrounding scenery was visible on the inner surface of each skin... I may add, that the small field and its surrounding wood were familiar to me and my school-fellows, that when the skins were shown to us, we at once identified the local scenery so wonderfully represented[1]. »

Andrés Poey, qui rapporte ce fait, y ajoute ceux-ci :

Dans la province de Sibacoa (Cuba), au mois d'août 1823, la foudre imprima sur le tronc d'un gros arbre l'image d'un clou recourbé, et en sens inverse à celui qui se trouvait sur une branche supérieure.

[1] Report of council of the British meteorological Society, read at the seventh General Meeting, may 27, 1857, p. 17.

Le 24 juillet 1852, la foudre tomba, dans une plantation de Saint-Vincent (Cuba), sur un palmier, et grava sur les feuilles sèches l'image des pins d'alentour, qui se trouvaient à une distance de 339 mètres, comme si elle eût été exécutée avec un burin.

Le Dr Sestier rapporte, d'après l'American Association de 1850, qu'une personne ayant été tuée au moment où elle était debout près d'un mur blanchi à la chaux, la silhouette de la victime fut marquée sur le mur en couleur sombre.

Voilà des empreintes qui n'ont plus le corps vivant pour écran.

Devant cet ensemble de faits, une conclusion me paraît s'imposer, celle de l'existence de rayons spéciaux, de rayons céroniques, émis par la foudre et capables de photographier soit sur la peau humaine, soit sur celle des animaux, soit sur des plantes, etc., les images, droites ou renversées, confuses ou distinctes, d'objets plus ou moins éloignés, rayons d'ordres différents et produisant des effets différents selon les conditions de leur application.

Décidément, nous avons, dans toutes les branches des connaissances humaines, encore beaucoup de choses à apprendre.

FIN

TABLE DES MATIÈRES

ÉMILE COLIN, IMPRIMERIE DE LAGNY (S.-ET-M.)

AVIS DE L'ÉDITEUR

Le but de la collection des *Auteurs célèbres*, à **60** *centimes* le volume, est de mettre entre toutes les mains de bonnes éditions des meilleurs écrivains modernes et contemporains.

Sous un format commode et pouvant en même temps tenir une belle place dans toute bibliothèque, il paraît chaque quinzaine un volume.

CHAQUE OUVRAGE EST COMPLET EN UN VOLUME

POUR LES N°s 1 A 430, DEMANDER LE CATALOGUE SPÉCIAL

431. RENÉE ALLARD, **Le Roman d'une Provinciale.**
432. H. DE BALZAC, **Les Rivalités.**
433. ARSÈNE HOUSSAYE, **Mlle de La Vallière et Mme de Montespan.**
434. H. DE BALZAC, **La Maison du Chat-qui-pelote.**
435. THÉO-CRITT, **Le Bataillon des Hommes à poil.**
436. H. DE BALZAC, **Une Double Famille.**
437. L. LEMERCIER DE NEUVILLE, **Les Pupazzi inédits.**
438. H. DE BALZAC, **La Vendetta.**
439. **Lettres galantes d'une femme de qualité.**
440. H. DE BALZAC, **Gobseck.**
441. PIERRE PERRAULT, **L'Amour d'Hervé.**
442. H. DE BALZAC, **Le Colonel Chabert.**
443. FERNAND-LAFARGUE, **La Fausse Piste.**
444. H. DE BALZAC, **Une Fille d'Ève.**
445. LOUIS JACOLLIOT, **Fakirs et Bayadères.**
446. H. DE BALZAC, **La Maison Nucingen.**
447. Mme X..., **Mémoires d'une Préfète de la troisième République.**
448. H. DE BALZAC, **Le Curé de Tours.**
449. Mme M. DE FONCLOSE, **Guide pratique des Travaux de dames.**
450. H. DE BALZAC, **Pierrette.**
451. CAMILLE FLAMMARION, **Les Caprices de la foudre.**
452. H. DE BALZAC, **Béatrix.**
453. TANCRÈDE MARTEL, **Dona Blanca.**
454. H. DE BALZAC, **Louis Lambert.**
455. JEAN DRAULT, **L'Impériale de l'Omnibus.**
456. H. DE BALZAC, **Séraphîta.**

En jolie reliure spéciale à la collection, 1 fr. le volume.

ENVOI FRANCO CONTRE MANDAT OU TIMBRES-POSTE

www.ingramcontent.com/pod-product-compliance
Ingram Content Group UK Ltd.
Pitfield, Milton Keynes, MK11 3LW, UK
UKHW020441200726
13857UKWH00002B/526